Wissenschaftliche Taschenbücher

WTB

Mathematik · Physik

Messung ionisierender Strahlung

Wissenschaftliche Taschenbücher
MATHEMATIK/PHYSIK
TEXTE UND STUDIEN

Eine Auswahl lieferbarer Bände:

Herbert Goering / Hans-Görg Roos / Lutz Tobiska
Finite-Element-Methode
Eine Einführung

Claus Hamann / Joachim Heim Hubert Burghardt
Organische Leiter, Halbleiter und Photoleiter

Eberhard Jäger / Rolf Perthel
Magnetische Eigenschaften von Festkörpern

Karl Lanius
Physik der Elementarteilchen

Artur Lösche
Molekülphysik

Joseph Mecke / Dietrich Stoyan
Stochastische Geometrie

Dieter Michel
Grundlagen und Methoden der kernmagnetischen Resonanz

Josef Naas / Wolfgang Tutschke
Große Sätze und schöne Beweise der Mathematik
Identität des Schönen, Allgemeinen, Anwendbaren

Gernot Neugebauer
Relativistische Thermodynamik

Hans Neumann / Klaus Schäfer
Elektrische und elektronische Meßtechnik

Hans Neumann / Kurt Strecker
Temperaturmessung

Peter Paufler
Phasendiagramme

Harry Paul
Photonen
Experimente und ihre Deutung

Robert Rompe / Hans-Jürgen Treder
Über die Einheit der exakten Wissenschaften

Robert Rompe / Hans-Jürgen Treder
Elementarkonstanten und was sie bedeuten

Ernst Schmutzer
Symmetrien und Erhaltungssätze der Physik

Hubertus Stolz
Supraleitung

Werner Stolz
Meßtechnik ionisierender Strahlung

Werner Stolz / Reinhold Bernhardt
Dosimetrie ionisierender Strahlung

Gerhard Wunsch
Geschichte der Systemtheorie
Dynamische Systeme und Prozesse

Werner Stolz

Messung ionisierender Strahlung

WTB

BAND 297

Werner Stolz

Messung ionisierender Strahlung

Grundlagen und Methoden

Mit 53 Abbildungen und 17 Tabellen

AKADEMIE-VERLAG BERLIN

Reihe MATHEMATIK UND PHYSIK

Verantwortlicher Herausgeber dieses Bandes:

Dozent Dr. sc. Hans Neumann
Leipzig

Verfasser:

Prof. Dr. rer. nat. habil. Werner Stolz
Sektion Physik der Bergakademie Freiberg

ISBN 3-05-500260-1
ISSN 0084-098X

1989
2., berichtigte Auflage
Erschienen im Akademie-Verlag Berlin,
DDR-1086 Berlin, Leipziger Straße 3–4

Lizenznummer: 202 · 100/443/89
Printed in the German Democratic Republic
Gesamtherstellung: VEB Druckhaus „Maxim Gorki“, 7400 Altenburg
Lektor: Dipl.-Phys. Ursula Heilmann
LSV 1174
Bestellnummer: 763 384 1 (7297)

1250

Vorwort

Das vorliegende Taschenbuch beschäftigt sich lehrbuchartig mit der Messung ionisierender Strahlung. Es ist für Studierende naturwissenschaftlicher und technischer Fachrichtungen niederer Semester gedacht. Besonderes Gewicht wird auf die Behandlung ausgereifter Strahlungsdetektoren und Meßverfahren gelegt, die in der Wissenschaft, Technik, Medizin und im Strahlenschutz praktische Anwendung finden. Den Hauptabschnitten ist ein kurzer Überblick über Strahlungsquellen, Strahlungsgrößen und die Nachweisprinzipien ionisierender Strahlung vorangestellt. Für das Verständnis werden beim Leser Kenntnisse elementarer Fragen der Kernphysik vorausgesetzt. In Anbetracht des vorgegebenen Umfanges mußte auf die Behandlung elektronischer Hilfsmittel, einiger Detektortypen und mancher Meßverfahren gänzlich verzichtet werden. Die kernphysikalische Elektronik, die Detektoren der Hochenergiephysik sowie spezielle Meßmethoden ionisierender Strahlung sind aber in anderen Bändchen der WTB-Reihe dargestellt (Meiling, W.: Kernphysikalische Elektronik; Lanius, K.: Physik der Elementarteilchen; Stolz, W., R. Bernhardt: Dosimetrie ionisierender Strahlung). In das Literaturverzeichnis am Ende des Buches wurden Lehrbücher und Monographien aufgenommen. Interessierte Leser sollen dadurch zu weiterführenden und vertiefenden Studien angeregt werden.

Allen Kollegen, die bei der Durchsicht des Manuskriptes behilflich waren, sei herzlich gedankt. Dem Akademie-Verlag Berlin gebührt Dank für die verständnisvolle Zusammenarbeit.

Freiberg, Oktober 1983 Werner Stolz

Inhaltsverzeichnis

1. Physikalische Grundlagen

1.1. Einführung

1.1.1. Aufgaben der Strahlungsmeßtechnik

Quellen ionisierender Strahlung finden in vielen Bereichen der Naturwissenschaft, Technik, Medizin und Landwirtschaft Anwendung. Die Grundvoraussetzung dafür bildet die Strahlungsmeßtechnik. Der Mensch besitzt keine Sinnesorgane zur Wahrnehmung ionisierender Strahlung. Die von radioaktiven Nukliden, Kernreaktoren, Teilchenbeschleunigern und Röntgenanlagen ausgesandte Strahlung läßt sich nur mit Hilfe von Strahlungsdetektoren nachweisen und messen. Sie beruhen auf der Wechselwirkung ionisierender Teilchen mit Atomen und Molekülen. Durch die Kopplung gewisser Detektoren mit schnellen, hochauflösenden elektronischen Schaltungen entstehen komplette Meßanordnungen für die Teilchenzählung und die Bestimmung der Strahlungsenergie. Gegenwärtig sind leistungsfähige Geräte zur Lösung der vielfältigen Meßprobleme im Rahmen der Forschung, der Betriebsmeß-, Steuer- und Regelungstechnik, der medizinischen Diagnostik und Therapie sowie des zivilen und militärischen Strahlenschutzes verfügbar. Zu den wichtigsten Aufgaben der Strahlungsmeßtechnik zählen

- die Untersuchung von Quellen ionisierender Strahlung,
- die Untersuchung der durch ionisierende Strahlung erzeugten Sekundärstrahlung und
- die Untersuchung von Strahlungsfeldern.

1.1.2. *Ionisierende Strahlung*

Definition

Alle Strahlungsarten, die bei der Wechselwirkung mit stofflicher Materie Atome und Moleküle zu ionisieren vermögen, werden unter dem Begriff der ionisierenden Strahlung zusammen-

gefaßt. Es ist zweckmäßig, zwischen direkt und indirekt ionisierender Strahlung zu unterscheiden.
Direkt ionisierende Strahlung besteht aus ruhemassebehafteten geladenen Teilchen, deren kinetische Energie ausreicht, um durch Stoß Ionisation zu bewirken.
Indirekt ionisierende Strahlung besteht aus ruhemassebehafteten oder ruhemasselosen ungeladenen Teilchen[1]), die direkt ionisierende Teilchen freisetzen oder Kernumwandlungen auslösen.
Ionisierende Strahlung ist jede Strahlung, die direkt oder indirekt ionisierende Teilchen oder ein Gemisch beider enthält.
Anmerkung: Die ruhemasselosen Photonen zählen zu den indirekt ionisierenden Teilchen, obwohl sie in der Lage sind, durch Photo- und COMPTON-Effekt direkt zu ionisieren. Die Zahl der direkten Ionisationen ist jedoch klein im Vergleich zur Zahl der Ionisationen, die durch die freigesetzten Sekundärelektronen ausgelöst werden. Photonen des infraroten, sichtbaren und ultravioletten Lichtes vermögen zwar durch Photoeffekt gewisse Atome und Moleküle zu ionisieren, die abgelösten Elektronen sind jedoch so energiearm, daß sie ihrerseits keine Stoßionisation bewirken. Optische Strahlung gehört daher nicht zur ionisierenden Strahlung.

Neutronen sind dagegen generell indirekt ionisierende Teilchen. Sie erzeugen auch bei sehr geringer kinetischer Energie durch Kernreaktionen letztlich immer direkt ionisierende Teilchen.

Ruhemassebehaftete Teilchen

Zu den ionisierenden Teilchen mit der Ruhemasse $m_0 > 0$ gehören leichte elektrisch geladene Teilchen (Elektronen, Betateilchen), schwere elektrisch geladene Teilchen (Protonen, Deuteronen, Alphateilchen, schwere Ionen) und elektrisch neutrale Teilchen (Neutronen). Nach der EINSTEINschen Energie-Masse-Äquivalenzbeziehung besitzen sie die Ruheenergie

$$E_0 = m_0 c_0^2 ; \tag{1.1}$$

c_0 — Lichtgeschwindigkeit im Vakuum.

Mit der Geschwindigkeit v bewegte Teilchen haben die relativistische Masse

$$m = \frac{m_0}{\sqrt{1 - \beta^2}}, \qquad \beta = \frac{v}{c_0}. \tag{1.2}$$

---

[1]) Teilchen ist der Oberbegriff für ruhemassebehaftete und ruhemasselose Partikel. Ruhemassebehaftete Teilchen werden auch als Korpuskeln bezeichnet.

Ihre kinetische Energie berechnet sich daher als Differenz aus der relativistischen Gesamtenergie und der Ruheenergie zu

$$E_k = E_{ges} - E_0 = m_0 c_0^2 \left(\frac{1}{\sqrt{1 - \beta^2}} - 1 \right). \tag{1.3}$$

Der Teilchenimpuls ist gegeben durch

$$p = mv = m_0 c_0 \frac{1}{\sqrt{1 - \beta^2}}. \tag{1.4}$$

Für kleine Teilchengeschwindigkeiten ($v \ll c_0$) folgen aus (1.3) und (1.4) die bekannten nichtrelativistischen Beziehungen

$$E_k = \frac{1}{2} m_0 v^2 \qquad \text{und} \qquad p = m_0 v. \tag{1.5}$$

Ruhemasselose Teilchen

Indirekt ionisierende Teilchen mit der Ruhemasse $m_0 = 0$ sind die Photonen (Quanten) der Röntgen- und Gammastrahlung, die sich mit Lichtgeschwindigkeit bewegen. Zwischen ihrer Energie und der Frequenz bzw. Wellenlänge der zugehörigen elektromagnetischen Welle besteht der Zusammenhang

$$E_\gamma = hf = h \frac{c_0}{\lambda}, \tag{1.6}$$

h — Planck-Konstante.

Für Masse und Impuls von Photonen gelten die Beziehungen

$$m = \frac{hf}{c_0^2} \qquad \text{und} \qquad p = \frac{hf}{c_0} = \frac{h}{\lambda}. \qquad (1.7), (1.8)$$

1.2. Strahlungsquellen

Quellen ionisierender Strahlung lassen sich grundsätzlich in *nukleare* und *maschinelle* Strahlungsquellen einteilen. Zur ersten Gruppe gehören natürliche und künstliche radioaktive Nuklide sowie Kernreaktoren. Die zweite Gruppe umfaßt alle Arten von Teilchenbeschleunigern einschließlich konventioneller Röntgenanlagen. Die für praktische Zwecke wichtigsten Strahlungsarten und Strahlungsquellen werden im folgenden in knapper Form dargestellt.

1.2.1. Betastrahlungsquellen

Die β-Umwandlung radioaktiver Nuklide beruht auf der Fähigkeit der beiden Nukleonensorten, im Kern ineinander überzugehen. Bei diesem Vorgang wird entweder ein Elektron (β^-) oder ein Positron (β^+) sowie ein Antineutrino ($\tilde{\nu}$) bzw. Neutrino (ν) abgegeben. Die Kernladungszahl Z verändert sich dabei um eine Einheit, die Massenzahl A bleibt konstant:

$$\begin{aligned} {}^{A}_{Z}\mathrm{X} &\rightarrow {}_{Z+1}^{\;\;A}\mathrm{Y} + {}_{-1}^{\;\;0}\mathrm{e}(\beta^-) + \tilde{\nu}\,; \\ {}^{A}_{Z}\mathrm{X} &\rightarrow {}_{Z-1}^{\;\;A}\mathrm{Y} + {}_{+1}^{\;\;0}\mathrm{e}(\beta^+) + \nu . \end{aligned} \tag{1.9}$$

Die beim β-Prozeß freiwerdende Reaktionsenergie Q verteilt sich statistisch auf das β-Teilchen und das Neutrino. Der Folgekern Y übernimmt wegen seiner im Vergleich zur Elektronenmasse großen

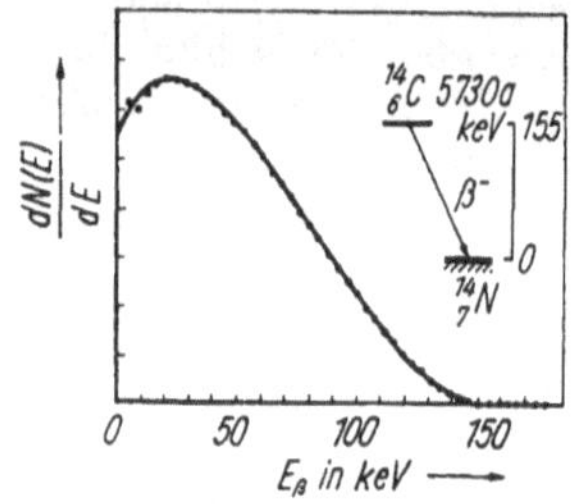

Abb. 1. Energiespektrum der β^--Teilchen des radioaktiven Nuklids ${}^{14}_{6}\mathrm{C}$

Masse fast keine Rückstoßenergie. Die von radioaktiven Nukliden emittierten β^-- oder β^+-Teilchen weisen daher ein kontinuierliches Energiespektrum auf, das sich von $E_\beta = 0$ bis zu einer nuklidspezifischen Maximalenergie $E_{\beta\,\max} = Q$ erstreckt (Abb. 1). Die maximalen β-Energien zahlreicher radioaktiver Nuklide liegen im Bereich $10\ \mathrm{keV} < E_{\beta\,\max} < 3\ \mathrm{MeV}$. Viele β-Strahler senden gleichzeitig γ-Strahlung aus. Die Daten einiger reiner β^--Strahler sind in Tab. 1 zusammengestellt.

Es sei darauf hingewiesen, daß Betastrahlungsquellen zusätzlich stets Bremsstrahlung emittieren, die in der radioaktiven Substanz selbst und in der Quellenkapsel entsteht.

Tabelle 1

Betastrahlungsquellen

Nuklid	$T_{1/2}$	$E_{\beta\,max}$ MeV	Bemerkungen
$^{3}_{1}H$	12,323 a	0,018	
$^{14}_{6}C$	5730 a	0,155	
$^{32}_{15}P$	14,3 d	1,71	
$^{63}_{28}Ni$	100 a	0,067	
$^{85}_{36}Kr$	10,76 a	0,670	γ, 0,51 MeV (0,7%)
$^{90}_{38}Sr$ ⟶	28,5 a	0,531	
$^{90}_{39}Y$ ⟵	2,67 d	2,27	
$^{147}_{61}Pm$	2,62 a	0,225	α von $^{147}_{62}Sm$
$^{204}_{81}Tl$	3,78 a	0,765	*E*-Einfang (2%)

Bei jedem β^+-Strahler ist außerdem die begleitende *Vernichtungsstrahlung* zu beachten. Positronen besitzen nur eine sehr kurze Lebensdauer. Ein abgebremstes Positron vereinigt sich sofort mit einem Elektron unter Bildung einer wasserstoffähnlichen Konfiguration, des Positroniums. Dieses Gebilde zerfällt entweder bei antiparallelen Spinrichtungen beider Teilchen in 8 ns in 2 Photonen von je $m_{e0}c_0^2 = 0{,}511$ MeV, die in entgegengesetzter Richtung ausgesandt werden oder seltener bei parallelen Spinrichtungen nach 7 μs in 3 Photonen mit der Gesamtenergie $2m_{e0}c_0^2 = 1{,}022$ MeV.

1.2.2. Elektronenquellen

Elektronenbeschleuniger

Zur Erzeugung monoenergetischer Elektronenstrahlung dienen verschiedene Arten von *Elektronenbeschleunigern*. Nach dem physikalischen Beschleunigungsprinzip kann man sie in Einfach- und Mehrfachbeschleuniger unterteilen. Bei der ersten Art werden die Elektronen in einem reinen Hochspannungsfeld in einem einzigen Schritt beschleunigt. Bei den Mehrfachbeschleunigern umgeht man die Schwierigkeiten der Erzeugung sehr hoher Spannungen und läßt die zu beschleunigenden Elektronen mehrmals mäßig hohe Spannungen durchlaufen. Für praktische Anwendungen gewinnt man Elektronenstrahlung im Energiebereich von etwa 1 bis 50 MeV vorwiegend mit VAN-DE-GRAAFF-Generatoren, Linearbeschleunigern, Isolierkerntransformatoren und Betatrons.

Konversionselektronenquellen

Auch bestimmte radioaktive Nuklide, bei denen der Prozeß der inneren Konversion auftritt, können als Quellen monoenergetischer Elektronen dienen. Bei der Wechselwirkung angeregter Atomkerne mit der eigenen Atomhülle kann die gesamte Anregungsenergie E_γ direkt auf Hüllenelektronen übertragen werden, die anstelle der γ-Quanten vom Atom emittiert werden. Diese sogenannten *Konversionselektronen* besitzen im Gegensatz zur β-Strahlung diskrete Energien

$$E_e = E_\gamma - E_{K,L,M,\dots}; \tag{1.10}$$

$E_{K,L,M,\dots}$ Bindungsenergie der Elektronen in der $K, L, M, \dots$-Schale.

1.2.3. *Alphastrahlungsquellen*

Bei der α-Umwandlung senden schwere Atomkerne ($A > 170$) Heliumkerne (${}^4_2\text{He} = \alpha$) mit diskreten Energien im Bereich 4 MeV $< E_\alpha < 9$ MeV aus. Die Kernladungszahl Z verringert sich dadurch um zwei, die Massenzahl A um vier Einheiten:

$${}^A_Z\text{X} \rightarrow {}^{A-4}_{Z-2}\text{Y} + {}^4_2\text{He}(\alpha). \tag{1.11}$$

Der schwere Rückstoßkern Y übernimmt höchstens 2% der Umwandlungsenergie, so daß gilt:

$$E_\alpha \approx Q. \tag{1.12}$$

Wenn der Übergang vom Grundzustand des radioaktiven Ausgangskerns nicht unmittelbar in den Grundzustand des Folgekerns, sondern in angeregte Zustände desselben erfolgt, so werden mehrere diskrete α-Teilchengruppen ausgesandt, die sich in der Energie um einige Hundertstel oder Zehntel MeV unterscheiden. Das natürliche radioaktive Nuklid ${}^{226}_{88}\text{Ra}$ emittiert z. B. zwei Gruppen von α-Teilchen mit Energien von 4,777 MeV (94,3%) und 4,590 MeV (5,7%). Tabelle 2 enthält einige radioaktive Nuklide, die zur Herstellung geschlossener Alphastrahlungsquellen verwendet werden.

Durch Ionisierung von Heliumatomen und Beschleunigung der Ionen mit Hilfe eines Teilchenbeschleunigers (z. B. Zyklotron) kann auch künstlich Alphastrahlung hoher Energie erzeugt werden. Auf analogem Wege erhält man auch energiereiche Protonen, Deuteronen und andere schwere geladene Teilchen.

Tabelle 2

Alphastrahlungsquellen

Nuklid	$T_{1/2}$	E_α MeV	Bemerkungen
$^{210}_{84}Po$	138,38 d	5,305	
$^{226}_{88}Ra$	1600 a	4,78; 4,60	γ, 0,186 MeV
$^{239}_{94}Pu$	2,41 · 10⁴ a	5,16; 5,11	γ, 0,039···0,41 MeV
$^{241}_{95}Am$	432,6 a	5,49; 5,44	γ, 0,06 MeV
$^{242}_{96}Cm$	162,8 d	6,12; 6,07	

1.2.4. Neutronenquellen

Freie Neutronen besitzen nur eine kurze Lebensdauer. Falls sie nicht vorher von Atomkernen eingefangen werden, wandeln sie sich mit der Halbwertszeit von $T_{1/2} = (10{,}69 \pm 0{,}13)$ min unter Emission von β^--Teilchen in Protonen um. Sie werden durch Kernreaktionen mit schweren geladenen Teilchen und energiereichen Photonen erzeugt oder entstehen bei der künstlichen und spontanen Spaltung schwerer Atomkerne. Entsprechend ihrer Energie E_n ist folgende Klassifikation gebräuchlich:

langsame (thermische und epithermische) Neutronen	$E_n < 0{,}5$ eV,
mittelschnelle (intermediäre) Neutronen	$0{,}5 \text{ eV} < E_n < 0{,}5$ MeV,
schnelle Neutronen	$0{,}5 \text{ MeV} < E_n < 20$ MeV,
sehr schnelle Neutronen	$E_n > 20$ MeV.

Radioaktive Neutronenquellen

Radioaktive Neutronenquellen (Tab. 3) beruhen auf den Reaktionen

$$^{9}_{4}\text{Be}(\alpha, n)\, ^{12}_{6}\text{C}, \qquad ^{9}_{4}\text{Be}(\gamma, n)\, ^{8}_{4}\text{Be}$$

oder der spontanen Kernspaltung von Transuraniumnukliden ($^{244}_{96}Cm$, $^{252}_{98}Cf$).

Die wichtigen (α, n)-*Neutronenquellen* bestehen aus gekapselten Preßkörpern, die aus einem homogenen Gemisch von Berylliumpulver mit einem energiereichen α-Strahler gefertigt werden. Sie emittieren Neutronen mit einem breiten kontinuierlichen Energiespektrum, das bis oberhalb 10 MeV reicht. Einige Quellentypen senden zusätzlich intensive γ-Strahlung aus.

Tabelle 3

Radioaktive Neutronenquellen

Quelle	$T_{1/2}$	$\bar{E}_n$ MeV	Neutronen-ausbeute	Bemerkungen
$^{226}_{88}$Ra-Be(α, n)	1600 a	2,8	$0{,}41 \cdot 10^{-3}$ s^{-1} Bq^{-1}	hoher γ-Anteil
$^{239}_{94}$Pu-Be(α, n)	$2{,}41 \cdot 10^4$ a	3,4	$0{,}41 \cdot 10^{-4}$ s^{-1} Bq^{-1}	
$^{241}_{95}$Am-Be(α, n)	432,6 a	3,9	$0{,}54 \cdot 10^{-4}$ s^{-1} Bq^{-1}	
$^{124}_{51}$Sb-Be(γ, n)	60,3 d	0,025	$0{,}43 \cdot 10^{-4}$ s^{-1} Bq^{-1}	hoher γ-Anteil
$^{252}_{98}$Cf Spontan-spaltung	2,64 a	2,13	$2{,}3 \cdot 10^{12}$ s^{-1} g^{-1}	

Photoneutronenquellen nutzen den Kernphotoeffekt am Beryllium, zu dessen Auslösung meist die harte γ-Strahlung des Nuklids $^{124}_{51}$Sb mit einer Energie von 1,69 MeV dient. Das Berylliumtarget umgibt in Form eines Hohlzylinders die getrennt angeordnete γ-Strahlungsquelle. Photoneutronenquellen emittieren annähernd monoenergetische Neutronen.

Einige *Transuraniumnuklide* weisen eine so hohe spontane Spaltungsrate auf, daß sie als Neutronenquellen einsetzbar sind. Am häufigsten wird das Nuklid $^{252}_{98}$Cf verwendet (effektive Halbwertzeit $T_{1/2} = 2{,}64$ a). Das Neutronenenergiespektrum dieser Quellen entspricht weitgehend dem reinen Spaltspektrum, das in guter Näherung beschrieben wird durch

$$\frac{B_E}{B} = \frac{1}{B}\frac{\mathrm{d}B}{\mathrm{d}E} = \frac{2}{\sqrt{\pi}\, k_n^{3/2}} \sqrt{E}\, \mathrm{e}^{-E/k_n}; \tag{1.13}$$

B — Quellstärke (s. 1.3.1.), k_n — Konstante (für $^{252}_{98}$Cf ist $k_n = 1{,}42$ MeV).

Neutronengeneratoren

Kernreaktionen mit beschleunigten Deuteronen an leichten Elementen stellen eine intensive künstliche Quelle für monoenergetische Neutronen dar. Die Neutronenenergie hängt ab von der Energietönung Q der Reaktion, der Deuteronenenergie, dem Energieverlust der Deuteronen im Target und vom Winkel, unter dem die Neutronen emittiert werden. Die in der Praxis eingesetzten *Neutronengeneratoren* beruhen entweder auf der

D-T-Reaktion: ${}^3_1\text{H}(\text{d, n})\,{}^4_2\text{He}$, $Q = +17{,}6$ MeV (monoenergetische Neutronen zwischen 12 und 20 MeV) (1.14)

oder der

D-D-Reaktion: ${}^2_1\text{H}(\text{d, n})\,{}^3_2\text{He}$, $Q = +3{,}27$ MeV (monoenergetische Neutronen zwischen 2 und 10 MeV). (1.15)

Kernreaktoren

Die stärksten Neutronenquellen sind die *Kernreaktoren*. Im Inneren eines thermischen Reaktors entsteht ein Gemisch aus primären Spaltneutronen (Energieverteilung entsprechend Glei-

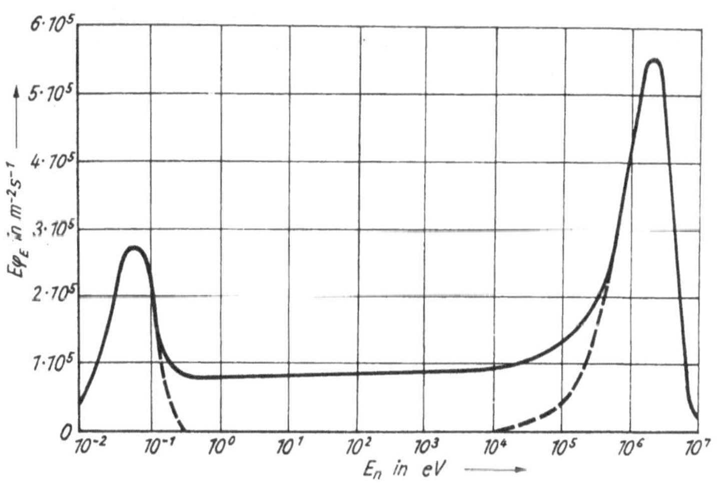

Abb. 2. Spektrale Verteilung der Neutronenflußdichte in einem thermischen Kernreaktor ($E \cdot \varphi_E$ in Abhängigkeit von der Neutronenenergie)

chung (1.13)), abgebremsten Neutronen und thermischen Neutronen (Maxwell-Verteilung). In Abb. 2 ist die spektrale Energieverteilung der Neutronenflußdichte (s. 1.3.2.) für Reaktorneutronen dargestellt.

1.2.5. Photonenquellen

Indirekt ionisierende elektromagnetische Wellen- oder Photonenstrahlung tritt in Form von Gamma-, Röntgen- und nichtoptischer Synchrotronstrahlung auf. Diese Strahlungsarten unterscheiden sich durch ihre Entstehung. Die mitunter gebräuchliche Unterscheidung nach der Photonenenergie ist nicht gerechtfertigt.

Gammastrahlungsquellen

Gammastrahlung wird von angeregten Atomkernen emittiert, die durch α- und β-Umwandlungsprozesse, künstliche Kernumwandlungen oder unelastische Streuprozesse entstehen können. Auch die Resonanzabsorption von γ-Strahlung (Mössbauer-Effekt) führt zur Kernanregung. Die Anregungszustände von Atomkernen liegen 10^4 bis 10^7 eV über dem Zustand geringster Energie. Angeregte Atomkerne gehen meist innerhalb extrem kurzer Zeit ($< 10^{-14}$ s) in Zustände kleinerer Energie oder direkt in den Grundzustand über, wobei entsprechend den Energiediffe-

Tabelle 4

Gammastrahlungsquellen

Nuklid	$T_{1/2}$	E_γ MeV	Bemerkungen
$^{60}_{27}$Co	5,272 a	1,1732 1,3325	β^- ($E_{\beta\,max}$ = 0,309 MeV)
$^{137}_{55}$Cs/$^{137}_{56}$Ba^m	30,17 a	0,6616	β^- ($E_{\beta\,max}$ = 0,518 u. 1,18 MeV)
$^{170}_{69}$Tm	128,6 d	0,084	β^- ($E_{\beta\,max}$ = 0,88 u. 0,97 MeV)
$^{226}_{88}$Ra	1600 a	0,186	α (s. Tab. 2)
$^{241}_{95}$Am	432,6 a	0,05954	α (s. Tab. 2)
$^{192}_{77}$Ir	74,0 d	0,2058 bis 0,6125	β^- ($E_{\beta\,max}$ = 0,26; 0,54; 0,67 MeV) viele γ-Linien

renzen zwischen den beteiligten Niveaus γ-Strahlung der Energie

$$E_\gamma = E_2 - E_1 = hf \tag{1.16}$$

(h — PLANCK-Konstante, f — Frequenz) emittiert wird. Die Spektren der γ-Strahlung sind daher Linienspektren.

Auch angeregte Atomkerne mit metastabilen Zuständen meßbarer Lebensdauer (Isomere) geben ihre Energie im allgemeinen in Form von γ-Strahlung ab. In Tab. 4 sind einige radioaktive Nuklide zusammengestellt, die zur Herstellung umschlossener γ-Strahlungsquellen dienen.

Röntgenstrahlungsquellen

Röntgenstrahlung entsteht im COULOMB-Feld der Atomkerne und in der Atomhülle.

Bei der Abbremsung schneller geladener Teilchen im COULOMB-Feld der Kerne wird *Röntgenbremsstrahlung* mit einem kontinuierlichen, vom Bremsmedium unabhängigen, Energiespektrum emittiert, das sich von sehr kleinen Photonenenergien bis zu einer Maximalenergie, der Grenzenergie E_{max}, erstreckt. Die Bremsstrahlungsausbeuten bei der Abbremsung schwerer geladener Teilchen sind nur gering, so daß in der Praxis fast ausschließlich Elektronen zur Erzeugung von Röntgenbremsstrahlung benutzt werden. In Röntgenröhren und Beschleunigern (Betatron, Linearbeschleuniger) werden Elektronen durch Glüh- oder Feldemission erzeugt, beschleunigt und in einem thermisch stark belastbaren Anoden- bzw. Targetmaterial hoher Ordnungszahl abgebremst. Die Grenzenergie des Bremsspektrums E_{max}, der im Wellenlängenspektrum eine kleinste Wellenlänge, die Grenzwellenlänge λ_{min} entspricht, ist gleich der Elektronenenergie E_e:

$$E_e = E_{max} = h \frac{c_0}{\lambda_{min}}. \tag{1.17}$$

Durch Kombination von β-Strahlern (^3_1H, $^{85}_{36}Kr$, $^{147}_{61}Pm$) mit Targetmaterialien lassen sich auch radioaktive Bremsstrahlungsquellen herstellen. Ihre Quellstärken (s. 1.3.1.) sind jedoch gering. Wenn die Energie der auf das Anoden- bzw. Targetmaterial auftreffenden Elektronen ausreicht, aus vollbesetzten inneren Schalen der Atome Elektronen zu entfernen (Anregung), so wird infolge von Elektronenübergängen aus weiter außen gelegenen Schalen eine elementspezifische Strahlung, die *charakteristische Röntgen-*

strahlung oder Eigenstrahlung emittiert. Durch Auffüllung von Lücken in der K-, L-, ... -Schale entstehen die K-, L-, ... -Serien. Dem Bremskontinuum ist daher das einfache Linienspektrum der charakteristischen Röntgenstrahlung überlagert (Abb. 3). Für die Frequenzen der einzelnen Linien gilt das MOSELEYsche Gesetz

$$f_{n_2n_1} = (Z - \sigma)^2 R'_\infty \left(\frac{1}{n_1^2} - \frac{1}{n_2^2}\right); \qquad (1.18)$$

Z — Ordnungszahl der angeregten Atome, σ — Abschirmkonstante, R'_∞ — RYDBERG-Frequenz, n_1, n_2 — Hauptquantenzahlen.

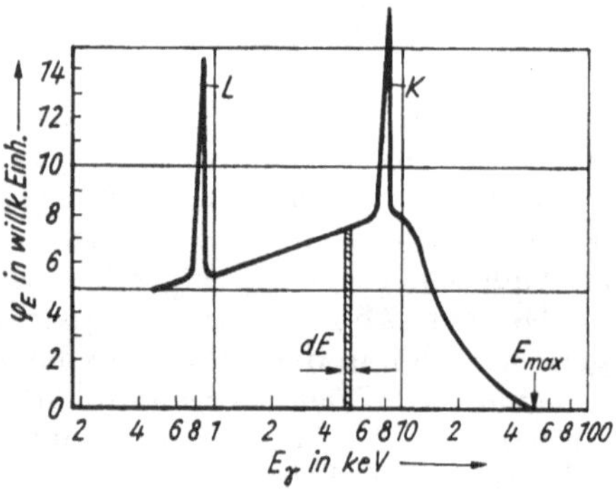

Abb. 3. Kontinuierliches Röntgenbremsspektrum mit überlagerten Linien der charakteristischen Strahlung (φ_E in Abhängigkeit von der Photonenenergie)

Synchrotronstrahlungsquellen

Synchrotronstrahlung wird nach der MAXWELLschen Theorie bei der Beschleunigung geladener Teilchen, insbesondere von Elektronen, emittiert. Die durch Ablenkmagnete auf kreisförmigen Bahnen gehaltenen Elektronen in Synchrotrons oder Speicherringen sind daher die Quelle einer sehr intensiven Photonenstrahlung. Sie zeichnet sich durch ein breites kontinuierliches Energiespektrum aus, das je nach der Elektronenenergie vom optischen Bereich bis in das harte Röntgengebiet reicht. Synchrotronstrahlungsquellen finden zunehmend in der Forschung, Medizin und Technik Anwendung.

1.3. Strahlungsgrößen

Die von einer Strahlungsquelle emittierten ionisierenden Teilchen durchqueren ein Raumgebiet und bilden ein Strahlungsfeld. Befinden sich in diesem Substanzen, so ist infolge von Wechselwirkungsprozessen zwischen der Strahlung und den Atomen oder Molekülen eine Energieübertragung auf die Materie möglich. Die Energieübertragung ist mit physikalischen, chemischen oder biologischen Strahlungswirkungen verbunden. Zur Beschreibung von Strahlungsquellen, Strahlungsfeldern und Strahlungswirkungen dienen verschiedene exakt definierte physikalische Größen. Das Ziel der Strahlungsmeßtechnik besteht darin, sie experimentell zu bestimmen. Einige grundlegende Strahlungsgrößen und ihre SI-Einheiten werden im folgenden erläutert.

1.3.1. Größen zur Beschreibung von Strahlungsquellen

Aktivität

Radioaktive Quellen werden durch die Umwandlungsrate oder *Aktivität* A charakterisiert. Sie ist der Anzahl N der noch nicht umgewandelten Atomkerne proportional:

$$A = -\frac{\mathrm{d}N}{\mathrm{d}t} = \lambda N. \qquad (1.19)$$

Die Einheit der Aktivität ist 1/Sekunde (s^{-1}). Sie trägt den eigenen Namen Becquerel (Kurzzeichen Bq)[1]:

$$1\ \mathrm{Bq} = 1\ \mathrm{s}^{-1}.$$

Für jedes radioaktive Nuklid sind die *Umwandlungskonstante* λ, die *physikalische Halbwertzeit* $T_{1/2}$ und die *mittlere Lebensdauer* τ charakteristische Konstanten. Zwischen diesen Größen bestehen folgende Beziehungen:

$$\lambda = \frac{1}{\tau} = \frac{\ln 2}{T_{1/2}}. \qquad (1.20)$$

Durch Integration von (1.19) erhält man das Umwandlungsgesetz

$$A(t) = A(0)\,\mathrm{e}^{-\lambda t}; \qquad (1.21)$$

$A(t)$ — Aktivität zur Zeit t, $A(0)$ — Aktivität zur Zeit $t = 0$.

---

[1]) Bis 1968 wurde die spezielle Aktivitätseinheit Curie (Kurzzeichen Ci) benutzt: 1 Ci = 3,7 · 10^{10} Bq, 1 Bq = 27,03 pCi.

Der Quotient aus der Aktivität A in einer Substanz und der Masse m der Substanz heißt *spezifische Aktivität:*

$$a = \frac{A}{m}; \tag{1.22}$$

[Einheit: Becquerel/Kilogramm, (Bq kg^{-1})].

Für eine reine, isolierte radioaktive Substanz ist der Zusammenhang zwischen Aktivität und Masse gegeben durch:

$$A = \frac{\lambda m}{A_r m_u} = \frac{\ln 2}{T_{1/2}} \frac{m}{A_r m_u}; \tag{1.23}$$

A_r – relative Atommasse, m_u – Atommassenkonstante.
Für radioaktive Flüssigkeiten und Gase wird auch der Quotient aus der Aktivität A und dem Volumen V der Flüssigkeit oder des Gases, die *Aktivitätskonzentration* verwendet:

$$c_A = \frac{A}{V}; \tag{1.24}$$

[Einheit: Becquerel/Kubikmeter, (Bq m^{-3})].

Quellstärke

Eine weitere Größe zur Charakterisierung einer Strahlungsquelle ist die Emissionsrate oder *Quellstärke* B. Sie ist definiert als Quotient von $\mathrm{d}N$ und $\mathrm{d}t$, wobei $\mathrm{d}N$ die Zahl der Teilchen angibt, die im Zeitintervall $\mathrm{d}t$ durch die Oberfläche der Quelle treten:

$$B = \frac{\mathrm{d}N}{\mathrm{d}t}. \tag{1.25}$$

Die Einheit der Quellstärke ist 1/Sekunde, (s^{-1}).
Für radioaktive Quellen gilt zwischen Quellstärke und Aktivität die Beziehung

$$B = p \cdot A, \tag{1.26}$$

wenn innerhalb der Substanz und in der Umhüllung keine Absorption auftritt. Darin ist p die Anzahl der Teilchen, die je Umwandlungsakt emittiert werden.

Zur Beschreibung einer Strahlungsquelle, die Teilchen unterschiedlicher Energie emittiert, wird die *spektrale Quellstärke* (Energieverteilungsfunktion der Quellstärke)

$$B_E = \frac{\mathrm{d}B(E)}{\mathrm{d}E}, \tag{1.27}$$

[Einheit: 1/Sekunde · Joule, ($s^{-1}\,J^{-1}$)]
benötigt.

$B_E\,\mathrm{d}E$ ist dabei die Quellstärke für Teilchen mit Energien zwischen E und $E + \mathrm{d}E$. Integration über alle auftretenden Energien ergibt die Quellstärke:

$$B = \int_0^{E_{max}} B_E\,\mathrm{d}E. \tag{1.28}$$

In ähnlicher Weise beschreibt der Ausdruck $B_\Omega\,\mathrm{d}\Omega$ die Quellstärke für Teilchen, die in den Raumwinkel zwischen Ω und $\Omega + \mathrm{d}\Omega$ ausgesandt werden. Dabei ist

$$B_\Omega = \frac{\mathrm{d}B(\Omega)}{\mathrm{d}\Omega} \tag{1.29}$$

die Richtungsverteilungsfunktion der Quellstärke
[Einheit: 1/Sekunde · Steradiant, ($s^{-1}\,sr^{-1}$)].
Integration über den ganzen Raumwinkel 4π liefert wieder die gesamte Quellstärke

$$B = \int_0^{4\pi} B_\Omega\,\mathrm{d}\Omega. \tag{1.30}$$

Strahlungsleistung

Zur Kennzeichnung einer Quelle dient mitunter auch die *Strahlungsleistung*

$$P = \frac{\mathrm{d}W}{\mathrm{d}t}, \tag{1.31}$$

wobei $\mathrm{d}W$ die Energie ist, die im Zeitelement $\mathrm{d}t$ ausgestrahlt wird. Die Einheit der Strahlungsleistung ist das Watt (W). In Analogie zu (1.27) und (1.29) lassen sich zur Beschreibung der Energie- und Richtungsverteilung der Strahlungsleistung auch die Größen P_E und P_Ω definieren.

1.3.2. *Größen zur Beschreibung von Strahlungsfeldern*

Die vollständige Beschreibung des Strahlungsfeldes in der Umgebung einer Quelle muß enthalten: die Art der Teilchen, sowie ihre Zahl für jeden Ort, jede Richtung und jede Energie.

In der Praxis reichen gewöhnlich die Feldgrößen Teilchenflußdichte, Teilchenfluenz, Energieflußdichte und Energiefluenz zur Kennzeichnung von Strahlungsfeldern aus.

Teilchenflußdichte und Teilchenfluenz

Die *Teilchenflußdichte* φ ist definiert durch den Ausdruck

$$\varphi = \frac{\mathrm{d}^2 N}{\mathrm{d}A \cdot \mathrm{d}t}. \tag{1.32}$$

Die Größe d^2N gibt darin die Zahl der Teilchen aller Richtungen an, die im Zeitintervall $\mathrm{d}t$ senkrecht die Großkreisfläche $\mathrm{d}A$ einer

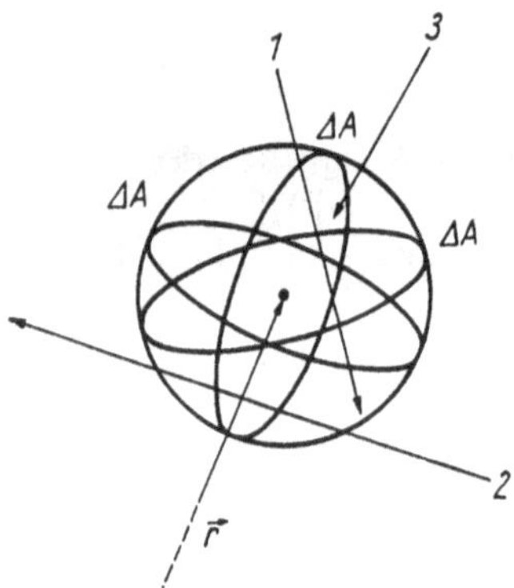

Abb. 4. Zur Definition der Teilchenflußdichte

Elementarkugel passieren, welche den Ort $\boldsymbol{r}$ (Mittelpunkt) umschließt. Die Einheit der Teilchenflußdichte ist 1/(Quadratmeter × Sekunde), ($\mathrm{m}^{-2}\,\mathrm{s}^{-1}$).

Abbildung 4 veranschaulicht die Definition (1.32). Die Teilchen 1 und 2 haben im Zeitintervall $\mathrm{d}t$ die Großkreisfläche $\mathrm{d}A$ senkrecht durchsetzt. Das Teilchen 3 ist im Zeitelement $\mathrm{d}t$ zwar in die Kugel um den Ort $\boldsymbol{r}$ eingedrungen, hat aber die senkrecht zu passierende Fläche $\mathrm{d}A$ nicht erreicht. Es liefert daher keinen Beitrag zur Teilchenzahl d^2N.

Das Zeitintegral der Teilchenflußdichte heißt *Teilchenfluenz*:

$$\Phi = \int_{t_1}^{t_2} \varphi \, \mathrm{d}t = \frac{\mathrm{d}N}{\mathrm{d}A}; \tag{1.33}$$

[Einheit: 1/Quadratmeter, (m^{-2})].

Eine Energie- und Richtungsverteilung der Teilchenflußdichte und Teilchenfluenz wird in Analogie zu (1.27) und (1.29) durch Definition der spektralen Größen φ_E bzw. Φ_E und die Richtungsverteilungsfunktionen φ_Ω bzw. Φ_Ω erfaßt, wobei die Beziehungen

$$\varphi = \int_0^{E_{max}} \varphi_E \, \mathrm{d}E \quad \text{und} \quad \Phi = \int_0^{E_{max}} \Phi_E \, \mathrm{d}E \tag{1.34}$$

sowie

$$\varphi = \int_0^{4\pi} \varphi_\Omega \, \mathrm{d}\Phi \quad \text{und} \quad \Phi = \int_0^{4\pi} \Phi_\Omega \, \mathrm{d}\Phi \tag{1.35}$$

gelten.

Energieflußdichte und Energiefluenz

Ein Strahlungsfeld kann auch durch die *Energieflußdichte*

$$\psi = \frac{\mathrm{d}^2 W}{\mathrm{d}A \cdot \mathrm{d}t} = \frac{\mathrm{d}P}{\mathrm{d}A} \tag{1.36}$$

charakterisiert werden. In dieser Beziehung ist d^2W die Summe der Energien (ohne Ruheenergien) aller Teilchen, die im Zeitintervall $\mathrm{d}t$ die Großkreisfläche $\mathrm{d}A$ einer Elementarkugel um den Ort $\boldsymbol{r}$ senkrecht durchsetzen. Die Energieflußdichte wird in der Einheit Watt/Quadratmeter ($W\,m^{-2}$) gemessen.

Das Zeitintegral der Energieflußdichte heißt *Energiefluenz*:

$$\Psi = \int_{t_1}^{t_2} \psi \, \mathrm{d}t = \frac{\mathrm{d}W}{\mathrm{d}A}, \tag{1.37}$$

[Einheit: Joule/Quadratmeter, ($J\,m^{-2}$)].

Die Größen ψ_E, Ψ_E und ψ_Ω, Ψ_Ω sind entsprechend (1.34) und (1.35) definiert.

Teilchenflußdichte und Energieflußdichte bzw. Teilchenfluenz und Energiefluenz sind für monoenergetische Teilchen der Energie E folgendermaßen miteinander verknüpft:

$$\psi = \varphi E \quad \text{und} \quad \Psi = \Phi E. \tag{1.38}$$

Entsprechend gelten bei inhomogener Energie der Teilchen die Relationen

$$\psi = \int_0^{E_{\max}} \varphi_E E \,\mathrm{d}E \quad \text{und} \quad \Psi = \int_0^{E_{\max}} \Phi_E E \,\mathrm{d}E. \tag{1.39}$$

1.3.3. *Größen zur Beschreibung von Strahlungswirkungen*

Übertragene Energie

Ionisierende Strahlung kann nur dann Wirkungen hervorrufen, wenn infolge von Wechselwirkungsprozessen eine Energieübertragung auf das im Strahlungsfeld befindliche Material erfolgt. Dem trägt die Definition des Begriffes der „*übertragenen Energie*“ Rechnung:

Die durch ionisierende Strahlung auf das Material in einem Volumen innerhalb einer Zeitspanne übertragene Energie W_D ist die Summe W_{in} der Energien (ohne Ruheenergien) aller ionisierenden Teilchen, die in das Volumen eintreten, vermindert um die Summe W_{ex} der Energien (ohne Ruheenergien) aller ionisierenden Teilchen, die aus dem Volumen austreten, vermehrt um die Summe W_Q der Reaktions- und Umwandlungsenergien aller Kern- und Elementarteilchenprozesse, die während dieser Zeitspanne in diesem Volumen stattfinden:

$$W_D = W_{\mathrm{in}} - W_{\mathrm{ex}} + W_Q. \tag{1.40}$$

Energiedosis

Mit Hilfe des Begriffes der „übertragenen Energie“ läßt sich als wichtige physikalische Größe die Energiedosis definieren, auf die physikalische, chemische und biologische Strahlungswirkungen bezogen werden können. Die Definition lautet:

Die *Energiedosis* D ist der Quotient von $\mathrm{d}W_D$ und $\mathrm{d}m$, wobei $\mathrm{d}W_D$ die durch ionisierende Strahlung auf das Material in einem Volumenelement $\mathrm{d}V$ übertragene Energie und $\mathrm{d}m = \varrho\,\mathrm{d}V$ die Masse des Materials mit der Dichte ϱ in diesem Volumenelement sind:

$$D = \frac{\mathrm{d}W_D}{\mathrm{d}m} = \frac{1}{\varrho}\frac{\mathrm{d}W_D}{\mathrm{d}V}. \tag{1.41}$$

Die Einheit der Energiedosis ist Joule/Kilogramm ($J\,kg^{-1}$). Diese Einheit trägt den eigenen Namen Gray (Kurzzeichen Gy)[1]:

$$1\,Gy = 1\,J\,kg^{-1}.$$

Energiedosisleistung

Der Differentialquotient der Energiedosis nach der Zeit heißt *Energiedosisleistung*:

$$\dot{D} = \mathrm{d}D/\mathrm{d}t, \qquad (1.42)$$

[Einheit: Gray/Sekunde, ($Gy\,s^{-1}$) bzw. Watt/Kilogramm, ($W\,kg^{-1}$)]. Die Begriffe Energiedosis und Energiedosisleistung sind auf alle Arten ionisierender Strahlung mit beliebiger Energie anwendbar und nicht auf eine bestimmte Substanz beschränkt.

1.4. Nachweisprinzipien

Der Nachweis und die Messung ionisierender Strahlung beruhen auf der Wechselwirkung geladener und ungeladener Teilchen mit Atomen. Primäre Wechselwirkungsprozesse sind die elastische Streuung, die unelastische Streuung und die Teilchenabsorption. Geladene Teilchen sind direkt nachweisbar, ungeladene Teilchen nur über die von ihnen erzeugten geladenen Sekundärteilchen.

Durch die Wechselwirkung erfahren ionisierende Teilchen Energieverluste. Auf das Wechselwirkungsmaterial wird Energie übertragen. Die Energieübertragung bewirkt sekundäre Reaktionen, die reversible oder irreversible Änderungen der physikalischen und chemischen Eigenschaften der bestrahlten Stoffe zur Folge haben.

Als Maß für die Wahrscheinlichkeit des Eintretens bestimmter Elementarprozesse zwischen ionisierenden Teilchen und Wechselwirkungspartnern (Atome, Elektronen) dient der *Wirkungsquerschnitt.* Die Wechselwirkungspartner werden als hypothetische Kügelchen angesehen, die so bemessen sind, daß alle eintretenden Teilchen Wechselwirkungsprozesse auslösen. Die Querschnittsfläche σ eines derartigen Kügelchens heißt Wirkungs-

---

[1]) Bis 1968 wurde die spezielle Energiedosiseinheit Rad (Kurzzeichen rd) benutzt: 1 rd = 10 mGy, 1 Gy = 100 rd.

querschnitt.[1]) Die gebräuchliche Einheit für den Wirkungsquerschnitt ist $1\,\mathrm{fm}^2 = 10^{-30}\,\mathrm{m}^2$.[2]) Befinden sich in einem Volumenelement $\mathrm{d}V$, in dem die Flußdichte φ der ionisierenden Teilchen einheitlicher Energie konstant ist, $N\,\mathrm{d}V$ Wechselwirkungspartner, so ist folglich die Rate $\mathrm{d}N_\mathrm{w}/\mathrm{d}t$ der ausgelösten Wechselwirkungsprozesse gegeben durch

$$\frac{\mathrm{d}N_\mathrm{w}}{\mathrm{d}t} = \sigma\varphi N\,\mathrm{d}V. \tag{1.43}$$

Dabei bedeutet N die Anzahldichte der Atome oder Elektronen:

$$N = {}_\mathrm{a}N = \frac{\varrho}{m_\mathrm{u}A_\mathrm{r}} \quad \text{bzw.} \quad N = {}_\mathrm{e}N = \frac{Z\varrho}{m_\mathrm{u}A_\mathrm{r}}; \tag{1.44}$$

ϱ — Dichte, m_u — Atommassenkonstante, A_r — relative Atommasse, Z — Ordnungszahl. Aus der Beziehung (1.43) erhält man daher entweder den auf ein Atom oder den auf ein Elektron bezogenen Wirkungsquerschnitt ${}_\mathrm{a}\sigma$ bzw. ${}_\mathrm{e}\sigma$. Die wichtigsten Elementarprozesse der Wechselwirkung, auf denen die Messung direkt oder indirekt ionisierender Strahlung beruht, sind im folgenden kurz zusammengestellt.

1.4.1. Geladene Teilchen

Bremsvermögen

Der Nachweis geladener Teilchen beruht im wesentlichen auf folgenden Wechselwirkungsprozessen:

- *Anregung* und *Ionisierung* von Atomen durch unelastische Stöße mit Hüllenelektronen,
- Erzeugung von *Bremsstrahlung* im COULOMB-Feld der Atomkerne,
- Emission von ČERENKOV-*Strahlung*.

---

[1]) Der Wirkungsquerschnitt σ ist i. allg. eine Funktion der Energie E der einfallenden Teilchen. Diese Abhängigkeit heißt Anregungsfunktion. Als differentielle Wirkungsquerschnitte bezeichnet man die Differentialquotienten von $\sigma(E)$ nach dem Raumwinkel Ω der austretenden Teilchen, bezogen auf die Einfallsrichtung, bzw. nach der Energie E^* der austretenden Teilchen: $\sigma_\Omega = \mathrm{d}\sigma/\mathrm{d}\Omega$; $\sigma_{E^*} = \mathrm{d}\sigma/\mathrm{d}E^*$.

[2]) Bis 1979 wurde die spezielle Einheit Barn (Kurzzeichen b) benutzt: $1\,\mathrm{b} = 100\,\mathrm{fm}^2 = 10^{-28}\,\mathrm{m}^2$.

Infolge dieser Elementarprozesse verlieren die Teilchen längs ihrer Bahn (Wegelement dx) schrittweise die kinetische Energie. Die Energieabnahme wird durch den mittleren differentiellen Energieverlust, das sogenannte *lineare Bremsvermögen*

$$S = -\frac{\mathrm{d}E}{\mathrm{d}x}, \tag{1.45}$$

charakterisiert. S/ϱ heißt *Massenbremsvermögen.*

Ionisationsverlust

Der Energieverlust, den ein Teilchen der Ladung ze_0 mit der Geschwindigkeit $v = \beta c_0$ in einem Material der Ordnungszahl Z durch Ionisierung und Anregung erleidet, berechnet sich nach der Bethe-Bloch-Formel:

$$S_{\mathrm{Stoß}} = -\left(\frac{\mathrm{d}E}{\mathrm{d}x}\right)_{\mathrm{Stoß}} = \left(\frac{1}{4\pi\varepsilon_0}\right)^2 \frac{4\pi e_0^4 z^2}{m_{e0} v^2} \, {}_{\mathrm{a}}NZ \left(\ln \frac{2m_{e0}v^2}{I(1-\beta^2)} - \beta^2\right); \tag{1.46}$$

m_{e0} — Elektronenruhemasse, ε_0 — elektrische Feldkonstante, I — mittlere Anregungsenergie der Atome.

Exakt ist die Beziehung (1.46) nur für schwere geladene Teilchen gültig. Zur Berechnung der unelastischen Energieverluste von Elektronen und Positronen muß eine modifizierte Form der Gleichung (1.46) verwendet werden.

Für Teilchen mit Geschwindigkeiten $v \ll c_0$ können in der Energieverlustbeziehung alle Terme, die β enthalten, vernachlässigt werden. In erster Näherung ist dann der Energieverlust dem Quadrat der Teilchengeschwindigkeit bzw. der kinetischen Energie umgekehrt proportional, weil sich das Glied $\ln 2m_{e0}v^2/I$ nur wenig mit v ändert:

$$-\left(\frac{\mathrm{d}E}{\mathrm{d}x}\right)_{\mathrm{Stoß}} \sim \frac{z^2}{v^2} = \frac{mz^2}{2E_{\mathrm{k}}}; \tag{1.47}$$

m — Teilchenmasse.

Sehr dünne Teilchendetektoren, die den Energieverlust zu messen gestatten, eignen sich daher zur Teilchenunterscheidung ((dE/dx)-Zähler). Da die Abbremsung geladener Teilchen vorwiegend zur Ionisierung der Atome und Moleküle führt, kann man näherungsweise annehmen, daß der nach Gleichung (1.46) berechnete Energieverlust der Anzahl der gebildeten Ladungsträgerpaare je Wegelement proportional ist:

$$-\left(\frac{\mathrm{d}E}{\mathrm{d}x}\right)_{\text{Stoß}} = s\overline{W}_i; \tag{1.48}$$

s — spezifisches Ionisierungsvermögen, $\overline{W}_i$ — mittlerer Energieaufwand zur Bildung eines Ladungsträgerpaares.

Mit der Verlangsamung der Teilchen wächst das Ionisierungsvermögen ($s \sim 1/v^2$). Aufgrund von Umladungseffekten nimmt

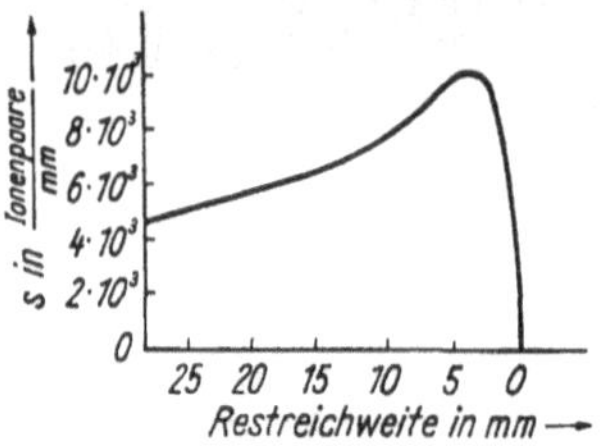

Abb. 5. Spezifisches Ionisierungsvermögen eines Alphateilchens in Luft entlang der Bahn

s jedoch nicht bis zum Bahnende zu, sondern fällt nach dem Überschreiten eines Maximums ab. Abbildung 5 zeigt diesen Sachverhalt für die Abbremsung eines α-Teilchens in Luft (BRAGG-Kurve).

Eine fundamentale Bedeutung für die Strahlungsmeßtechnik besitzt die weitgehend von Teilchenart und Teilchenenergie unabhängige Größe $\overline{W}_i$. In Tab. 5 ist der mittlere Energieaufwand

Tabelle 5

Mittlerer Energieaufwand $\overline{W}_i$ zur Bildung eines Ionenpaares für Elektronen und α-Teilchen in verschiedenen Gasen

Gas	Elektronen $\overline{W}_i$ in eV	α-Teilchen $\overline{W}_i$ in eV
H_2	36,6 ± 0,3	36,2 ± 0,2
N_2	34,6 ± 0,3	36,39 ± 0,04
O_2	30,8 ± 0,3	32,3 ± 0,1
CO_2	32,9 ± 0,3	34,1 ± 0,1
CH_4	27,3 ± 0,3	29,1 ± 0,1
Luft	33,73 ± 0,15	34,98 ± 0,05
Ar	26,2 ± 0,2	26,3 ± 0,1

zur Bildung eines Ionenpaares in verschiedenen Gasen für α-Teilchen und Elektronen zusammengestellt. Der mittlere Energieaufwand zur Bildung eines Ladungsträgerpaares in einem Festkörper (z. B. Halbleiter) beträgt etwa 1/10 des $\overline{W}_i$-Wertes für ein Gas (s. Tab. 6, Abschn. 2.1.4.).

Bremsstrahlungsverlust

Geladene Teilchen erleiden bei der Abbremsung nicht nur Energieverluste infolge unelastischer Stöße, sondern außerdem durch Erzeugung elektromagnetischer Strahlung (*Bremsstrahlung*). Der damit verbundene Energieverlust wächst mit der Teilchenenergie und ist dem Quadrat der Beschleunigung proportional:

$$-\left(\frac{\mathrm{d}E}{\mathrm{d}x}\right)_{\mathrm{Str}} \sim \left(\frac{\mathrm{d}^2x}{\mathrm{d}t^2}\right)^2 \sim \left(\frac{zZ}{m}\right)^2. \tag{1.49}$$

Hieraus folgt, daß Energieverluste durch Bremsstrahlungserzeugung für schwere geladene Teilchen in der Regel vernachlässigbar sind. Bremsstrahlverluste spielen aber bei der Abbremsung von Elektronen mit Energien $E_e > m_{e0}c_0^2$ eine erhebliche Rolle. Der differentielle Energieverlust der Elektronen durch Bremsstrahlungserzeugung beträgt nach HEITLER

$$S_{\mathrm{Str}} = -\left(\frac{\mathrm{d}E}{\mathrm{d}x}\right)_{\mathrm{Str}} = \frac{e_0^6}{8\pi^2\varepsilon_0^3 m_{e0}^2 h c_0^5}\, {}_aNZ^2U\left(\ln\frac{2U}{m_{e0}c_0^2} - \frac{1}{3}\right) \tag{1.50}$$

mit $U = E_e + m_{e0}c_0^2$.
Für das Verhältnis der differentiellen Energieverluste durch Bremsstrahlungserzeugung sowie Ionisierung und Anregung gilt annähernd

$$S_{\mathrm{Str}}/S_{\mathrm{Stoß}} = \frac{E_e(Z + 1{,}2)}{800}; \quad E_e \text{ in MeV}. \tag{1.51}$$

Bei der kritischen Energie

$$E_{\mathrm{krit}} = \frac{800}{Z + 1{,}2} \tag{1.52}$$

sind die Energieverluste durch beide Arten der Wechselwirkung gleich groß.

ČERENKOV-Strahlung

Bewegen sich geladene Teilchen durch ein dielektrisches Medium mit einer Geschwindigkeit v, die größer als die Phasengeschwindigkeit des Lichtes c_0/n (n Brechzahl) ist, so treten zusätzlich zum Ionisations- und Bremsstrahlungsverlust noch Energieverluste infolge Emission elektromagnetischer Stoßwellen (ČERENKOV-Strahlung) auf. Der Winkel ϑ zwischen der Wellennormale dieser optischen Kopfwelle (MACHscher Kegel) und der Flugrichtung des Teilchens ist gegeben durch

$$\cos\vartheta = \frac{c_0}{vn} = \frac{1}{\beta n} \leqq 1 \,. \tag{1.53}$$

Die ČERENKOV-Strahlung enthält alle Frequenzen f, für die gilt $\beta n(f) \geqq 1$. Der differentielle Energieverlust durch Erzeugung von ČERENKOV-Strahlung hängt nicht von der Teilchenmasse, sondern nur von der Geschwindigkeit und der Ladung ab und beträgt etwa nur ein Tausendstel des Energieverlustes geladener Teilchen:

$$S_{\text{Č}} = -\left(\frac{\mathrm{d}E}{\mathrm{d}x}\right)_{\text{Č}} = \frac{\pi}{\varepsilon_0}\left(\frac{ze_0}{c_0}\right)^2 \int\limits_{\beta n > 1} \left(1 - \frac{1}{(\beta n)^2}\right) f \,\mathrm{d}f \,. \tag{1.54}$$

Teilchenreichweite

Ist der totale Energieverlust $-\mathrm{d}E/\mathrm{d}x$ bekannt, so berechnet sich die insgesamt von einem geladenen Teilchen in einem Medium zurückgelegte Wegstrecke, die *wahre Reichweite* R, gemäß

$$R = -\int\limits_{E_0}^{0} \left(\frac{\mathrm{d}E}{\mathrm{d}x}\right)^{-1} \mathrm{d}E \,, \tag{1.55}$$

E_0 — Anfangsenergie.

1.4.2. *Photonen*

Energiereiche Photonenstrahlung (Röntgen- und Gammastrahlung) wird über die bei der Wechselwirkung mit der Atomhülle und dem COULOMB-Feld des Kerns erzeugten Sekundärelektronen nachgewiesen. Sekundärelektronen entstehen durch drei wichtige Wechselwirkungsprozesse: *Photoeffekt*, *COMPTON-Effekt* und *Paarbildungseffekt*. Welcher dieser Effekte dominiert, hängt von der Photonenenergie und von der Ordnungszahl der Atome ab.

Photoeffekt

Beim Photoeffekt wird die gesamte Energie eines Photons $E_\gamma = hf$ auf ein gebundenes Elektron übertragen, welches mit der kinetischen Anfangsenergie

$$E_e = E_\gamma - E_a \tag{1.56}$$

(E_a = Ablöseenergie) die Elektronenhülle des Atoms verläßt. Der Photoeffekt ist der vorherrschende Wechselwirkungsprozeß niederenergetischer Photonenstrahlung mit Atomen hoher Ordnungszahl. Der atomare Wirkungsquerschnitt wird beschrieben durch:

$$_a\sigma_{Ph} \sim \frac{Z^5}{E_\gamma^{3,5}} \text{ (für } E_\gamma \ll m_{e0}c_0^2) \tag{1.57}$$

und

$$_a\sigma_{Ph} \sim \frac{Z^5}{E_\gamma} \text{ (für } E_\gamma \gg m_{e0}c_0^2).$$

COMPTON-*Effekt*

Die elastische Streuung eines Photons an einem locker gebundenen (quasifreien) Elektron heißt COMPTON-*Effekt*. Beide Partner fliegen nach dem Stoß in unterschiedlichen Richtungen auseinander. Das Photon überträgt dabei nur einen Teil seiner Energie. Die kinetische Energie des gestoßenen Elektrons beträgt

$$E_e = E_\gamma \frac{\varepsilon(1 - \cos\vartheta)}{1 + \varepsilon(1 - \cos\vartheta)}, \tag{1.58}$$

die des gestreuten Photons

$$E_{\gamma'} = \frac{E_\gamma}{1 + \varepsilon(1 - \cos\vartheta)}; \tag{1.59}$$

ϑ — Winkel zwischen primärem und gestreutem Photon,
$\varepsilon = E_\gamma / m_{e0}c_0^2$.

Der COMPTON-Effekt ist für Photonenenergien $50\,\text{keV} < E_\gamma < 15\,\text{MeV}$ bei Elementen kleiner Ordnungszahl und Photonenenergien $0{,}5\,\text{MeV} < E_\gamma < 5\,\text{MeV}$ bei Elementen hoher Ordnungszahl der dominierende Wechselwirkungsprozeß. Für den atomaren Wirkungsquerschnitt des COMPTON-Effektes gilt

$$_a\sigma_C \sim \frac{Z}{E_\gamma}. \tag{1.60}$$

Paarbildungseffekt

Wenn die Photonenenergie die doppelte Ruheenergie des Elektrons übertrifft, $E_\gamma > 2m_{e0}c_0^2$, kann im COULOMB-Feld eines Atomkerns aus einem Photon ein *Elektron-Positron-Paar* entstehen. Für die kinetische Energie beider Teilchen gilt:

$$E_{e^-} + E_{e^+} = E_\gamma - 2m_{e0}c_0^2. \tag{1.61}$$

Der Paarbildungseffekt dominiert bei Elementen niedriger Ordnungszahl für $E_\gamma > 15$ MeV und bei Elementen hoher Ordnungszahl für $E_\gamma > 5$ MeV. Der atomare Wirkungsquerschnitt ist im Energiebereich $5m_{e0}c_0^2 < E_\gamma < 50m_{e0}c_0^2$ proportional zu Z^2 und zeigt eine logorithmische Abhängigkeit von der Photonenenergie:

$$_{a}\sigma_P \sim Z^2 \ln E_\gamma. \tag{1.62}$$

Schwächungsgesetz

Durchdringt ein schmales Photonenstrahlungsbündel einheitlicher Energie eine Materialschicht, so wird es infolge Überlagerung der drei Wechselwirkungsprozesse geschwächt. Die Wirkungsquerschnitte können additiv zu einem totalen Wirkungsquerschnitt

$$_{a}\sigma_t = {}_{a}\sigma_{Ph} + {}_{a}\sigma_C + {}_{a}\sigma_P \tag{1.63}$$

zusammengefaßt werden. Durch Multiplikation mit der Anzahldichte der Atome ergibt sich der *lineare Schwächungskoeffizient*

$$\mu = {}_{a}N_{a}\sigma_t. \tag{1.64}$$

Der Quotient μ/ϱ (ϱ Dichte) heißt *Massen-Schwächungskoeffizient.* In Abb. 6 ist diese Größe für häufig zum Nachweis von Photonenstrahlung verwendete Detektormedien als Funktion der Photonenenergie dargestellt. Die Schwächung der Strahlung (Verringerung von Teilchenflußdichte φ und Energieflußdichte ψ) nach Durchsetzen der Schichtdicke x beschreibt das *exponentielle Schwächungsgesetz*:

$$\begin{aligned} \varphi(x) &= \varphi(0)\,e^{-\mu x} = \varphi(0)\,e^{-\left(\frac{\mu}{\varrho}\right) x\varrho}, \\ \psi(x) &= \psi(0)\,e^{-\mu x} = \psi(0)\,e^{-\left(\frac{\mu}{\varrho}\right) x\varrho}. \end{aligned} \tag{1.65}$$

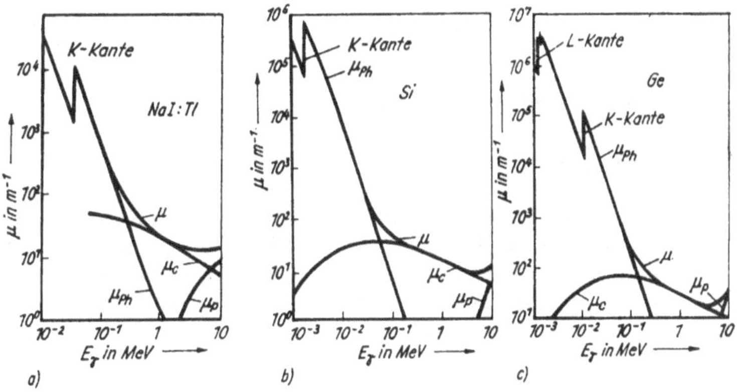

Abb. 6. Linearer Schwächungskoeffizient in Abhängigkeit von der Photonenenergie
(a) NaI, (b) Silicium, (c) Germanium

Energieumwandlung

Bei der Wechselwirkung von Photonen mit Stoffen muß man zwischen der Schwächung und der Energieumwandlung unterscheiden. Die Energieübertragung von Photonenstrahlung der Energie E_γ auf Sekundärelektronen wird durch den Energieumwandlungskoeffizient μ_{tr} oder den Massen-Energieumwandlungskoeffizient μ_{tr}/ϱ beschrieben. Es gilt

$$\frac{\mu_{tr}}{\varrho} = \frac{1}{W_\gamma \varrho} \frac{dW_k}{dx} . \qquad (1.66)$$

Dabei sind W_γ die Summe der Energien der Photonen, die senkrecht in eine Schicht der Dicke dx und der Dichte ϱ eintreten, und dW_k die Summe der kinetischen Anfangsenergien aller in dieser Schicht freigesetzten Sekundärelektronen. Einen Teil ihrer Energie geben jedoch die Sekundärelektronen in Form von Bremsstrahlung ab, die aus dem Volumen austritt, in dem sie entstanden ist. Zur Berücksichtigung dieses Bremsstrahlungsverlustes wird der Massen-Energieumwandlungskoeffizient korrigiert und der Massen-Energieabsorptionskoeffizient eingeführt:

$$\frac{\mu_{en}}{\varrho} = \frac{\mu_{tr}}{\varrho} (1 - b) . \qquad (1.67)$$

Hierbei ist b der Bruchteil der Energie der Sekundärelektronen, der in Bremsstrahlungsenergie umgewandelt wird. Zur Berechnung der durch Neutronen auf Stoffe übertragenen Energie werden analoge Koeffizienten verwendet.

1.4.3. Neutronen

Neutronen gehen als ungeladene Teilchen keine elektrische Wechselwirkung mit Atomen ein. Für ihren Nachweis sind ausschließlich Reaktionen mit Atomkernen maßgebend, bei denen geladene Sekundärteilchen entstehen. Grundsätzlich kommen folgende durch Neutronen ausgelöste Elementarprozesse der Kernwechselwirkung in Betracht:

Elastische und unelastische Streuung,

Kernumwandlungen unter unmittelbarer Emission geladener Teilchen,

Kernumwandlungen unter Bildung radioaktiver Nuklide.

Elastische Streuung

Die elastische Streuung von schnellen Neutronen an Atomkernen

$$\mathrm{n} + \mathrm{K} \rightarrow \mathrm{K} + \mathrm{n}$$

ist mit Richtungsänderungen und Energieübertragung verbunden. Ein anfangs ruhender Kern der Masse m_k übernimmt nach dem Stoß die Energie

$$E_k = 4E_n \frac{m_n m_k}{(m_n + m_k)^2} \cos^2 \varphi; \qquad (1.68)$$

φ — Winkel zwischen der ursprünglichen Richtung des Neutrons und der Richtung des Rückstoßkerns im Laborsystem.

Beim zentralen Stoß ($\varphi = 0°$) findet maximale Energieübertragung statt. Wird über alle möglichen Winkel summiert und der Mittelwert gebildet, so folgt:

$$\bar{E}_k = 2E_n \frac{m_n m_k}{(m_n + m_k)^2}. \qquad (1.69)$$

Wegen der angenäherten Massengleichheit erleiden Neutronen beim Zusammenstoß mit Wasserstoffkernen die größten Energieverluste. Ein schnelles Neutron der Energie 1 MeV wird in Wasser im Mittel bereits nach 18 Stößen auf die thermische Energie der Moleküle (wahrscheinlichste Geschwindigkeit bei Zimmertemperatur 2200 m s^{-1} $\triangleq$ Energie $kT = 0{,}025$ eV) abgebremst. Dieser Vorgang wird als *Neutronenmoderierung* bezeichnet. Gute Moderatorsubstanzen sind Stoffe mit hohem Wasserstoffgehalt (H_2O, D_2O, Paraffin, Polyethylen). Die durch Neutronenstreuung erzeugten Rückstoßprotonen vermögen direkt zu ionisieren und

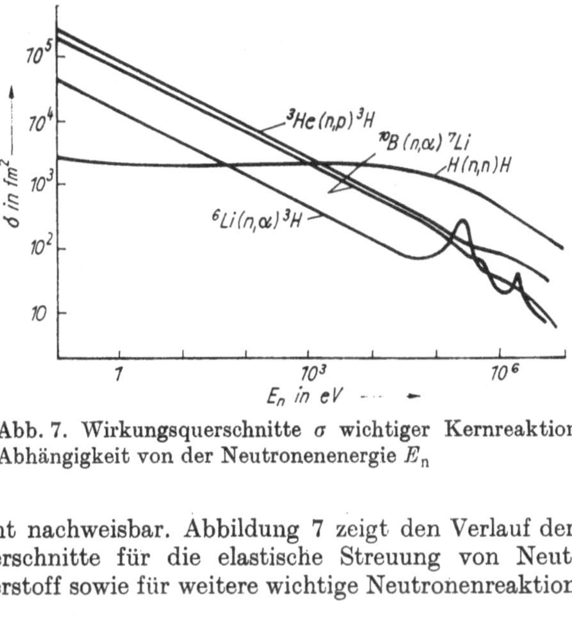

Abb. 7. Wirkungsquerschnitte σ wichtiger Kernreaktionen in Abhängigkeit von der Neutronenenergie E_n

sind leicht nachweisbar. Abbildung 7 zeigt den Verlauf der Wirkungsquerschnitte für die elastische Streuung von Neutronen an Wasserstoff sowie für weitere wichtige Neutronenreaktionen.

Kernumwandlungen mit prompter Teilchenemission

Für den direkten Nachweis thermischer und epithermischer Neutronen eignen sich Einfangreaktionen vom Typ (n, α) und (n, p) sowie Spaltreaktionen (n, f), die bei hohen Wirkungsquerschnitten mit der prompten Emission geladener Teilchen verbunden sind. Folgende Reaktionen finden Anwendung:

$${}^3_2\text{He}(\text{n, p})\,{}^3_1\text{H};\ (Q = +0{,}764\ \text{MeV},\ \sigma = 5{,}327 \cdot 10^5\ \text{fm}^2), \qquad (1.70)$$

$${}^6_3\text{Li}(\text{n}, \alpha)\,{}^3_1\text{H};\ (Q = +4{,}79\ \text{MeV},\ \sigma = 9{,}45 \cdot 10^4\ \text{fm}^2), \qquad (1.71)$$

$^{10}_{5}B(n, \alpha)\,^{7}_{3}Li$; $(Q = +2{,}79$ MeV, $\sigma = 3{,}837 \cdot 10^{5}$ fm$^{2})$, (1.72)

$^{235}_{92}U(n, f)$ Spaltnuklide; $(Q \approx +200$ MeV, $\sigma = 5{,}77 \cdot 10^{4}$ fm$^{2})$; (1.73)

Q — Reaktionsenergie, σ — Wirkungsquerschnitt bei einer Neutronengeschwindigkeit von 2200 m s^{-1}.

Mit Hilfe dieser Prozesse sind auch mittelschnelle und schnelle Neutronen nachweisbar, wenn diese vor Auslösung der Kernreaktionen in einem Moderator abgebremst werden. Bei niedrigen Neutronenenergien ($E_n < 1$ eV) wird die Energieabhängigkeit der Wirkungsquerschnitte vieler Einfang- und Spaltreaktionen durch ein $1/v$-Gesetz beschrieben.

Aktivierung

Eine weitere Möglichkeit des Neutronennachweises besteht in der Messung der β^--, β^+- oder γ-Strahlung, welche von radioaktiven Nukliden ausgeht, die durch neutroneninduzierte Kernreaktionen gebildet werden. Bei diesen Aktivierungsverfahren wird mit zeitlich verzögerter Anzeige aus der Aktivität von dünnen Sonden auf die Neutronenflußdichte während der Exposition oder die Neutronenfluenz geschlossen. Die Sondenaktivität nach der Bestrahlungszeit t_W und der anschließenden Wartezeit t_B bis zum Beginn der Messung beträgt:

$$A = N[1 - \exp(-\lambda t_B)] \exp(-\lambda t_W) \int_0^{E_{max}} \sigma(E)\, \varphi_E \, dE; \quad (1.74)$$

N — Anzahl der aktivierbaren Kerne, λ — Umwandlungskonstante des gebildeten radioaktiven Nuklids, E_{max} — maximale Neutronenenergie.

Je nach Wahl des Sondenmaterials werden *Aktivierungssonden* in Form von $1/v$-, Resonanz- und Schwellwertsonden zur Messung thermischer, intermediärer bzw. schneller Neutronen benutzt.

2. Strahlungsdetektoren

Strahlungsdetektoren sind Vorrichtungen, die Substanzen enthalten, in denen ionisierende Teilchen infolge Energieübertragung meßbare Effekte hervorrufen. Für die Messung von Strahlungsgrößen werden am häufigsten folgende Prozesse ausgenutzt:

- Erzeugung beweglicher elektrischer Ladungsträger in Gasen und Halbleitern (Ionisationsdetektoren),

- Lichtemission in Kristallen, Kunststoffen, Flüssigkeiten und Gasen (Anregungsdetektoren),
- Strahleninduzierte chemische Umsetzungen und Festkörperreaktionen (chemische und Festkörperdetektoren),
- Erzeugung radioaktiver Nuklide (Aktivierungsdetektoren);
- Temperaturerhöhung von Absorbersubstanzen (Thermodetektoren).

Strahlungsdetektoren dienen zur Teilchenregistrierung, zur Ermittlung von Teilcheneigenschaften (Energie, Masse, Ladung), zur Teilchenbahnbestimmung sowie zur Messung von Strahlungsfeldgrößen. Viele Detektoren liefern unter der Einwirkung ionisierender Strahlung elektrische Signale. Diese erscheinen als statistisch verteilte Folge von Impulsen. Sie können durch den zeitlichen Verlauf der Stromstärke oder der an einem Arbeitswiderstand entstehenden Spannung beschrieben werden. Weitere Kenngrößen sind die Impulsdauer, die mittlere Ladung je Impuls q und die Impulshöhe. Folgende Meßwerte dienen als Maß für zu bestimmende Strahlungsgrößen:

a) Die mittlere Zahl der vom Detektor je Zeitelement abgegebenen Impulse, die *Impuls-* oder *Zählrate* $\dot{n}$ und die mittlere Detektorstromstärke

$$I = \dot{n}q \tag{2.1}$$

geben Auskunft über die Teilchenflußdichte φ, die Energieflußdichte ψ, die Aktivität A oder die Energiedosisleistung $\dot{D}$.

b) Die *Impulszahl*

$$n = \int_0^t \dot{n}(t)\,\mathrm{d}t \tag{2.2}$$

und die in einer bestimmten Zeit erzeugte *Gesamtladung*

$$Q = \int_0^t I(t)\,\mathrm{d}t \tag{2.3}$$

dienen zur Ermittlung der Teilchenfluenz Φ, der Energiefluenz Ψ oder der Energiedosis D.

c) Bei einigen Strahlungsdetektoren ist die *Impulshöhe* der Energie proportional, die von ionisierenden Teilchen auf das Detektormaterial übertragen wird. Bei vollständiger Absorption gewinnt man aus der Impulshöhe die Teilchenenergie. Die Impulshöhenverteilung vermittelt Auskunft über das Energiespektrum der Strahlung.

In den folgenden Abschnitten werden der Aufbau und die Wirkungsweise solcher Strahlungsdetektoren behandelt, die häufig in der Strahlungsmeßtechnik Anwendung finden.

2.1. Ionisationsdetektoren

Ionisationsdetektoren bestehen grundsätzlich aus zwei gegenüberliegenden Elektroden, zwischen denen sich Gase (*Gasionisationsdetektoren*) oder Halbleiterkristalle (*Festkörperionisationsdetektoren*) als Detektormedien befinden. Durch Anlegen einer Spannung wird zwischen den Elektroden ein elektrisches Feld erzeugt. Fällt ionisierende Strahlung in das empfindliche Detektorvolumen ein, so entstehen frei bewegliche Ladungsträgerpaare. Bei Gasionisationsdetektoren sind dies *Elektronen-Ionen-Paare*, bei Festkörperionisationsdetektoren *Elektronen-Defektelektronen-Paare*. Jedes ionisierende Teilchen erzeugt

$$N = \frac{E_{\text{abs}}}{\overline{W}_i} \tag{2.4}$$

Ladungsträgerpaare (E_{abs} — im Detektormedium absorbierte Teilchenenergie, $\overline{W}_i$ — mittlerer Energieaufwand zur Bildung eines Ladungsträgerpaares, s. Tab. 5). Der Zahl von Ladungsträgerpaaren entspricht die erzeugte Primärladung

$$Q_{\text{p}} = e_0 \frac{E_{\text{abs}}}{\overline{W}_i} \tag{2.5}$$

beiderlei Vorzeichens. Unter dem Einfluß des elektrischen Feldes wandern die Ladungsträger entsprechend ihrer Polarität entweder zur Anode oder zur Katode.

Bei Gasionisationsdetektoren hängt die auf den Elektroden gesammelte *Signalladung* Q von der Elektrodenanordnung, dem Ort der primären Ionisation, den verwendeten Füllgasen und maßgeblich von der an den Elektroden liegenden Spannung ab. Für einen zylindrischen Detektor mit dünner Innenelektrode zeigt Abb. 8 die Anzahl der gesammelten Ionenpaare als Funktion der Spannung zwischen den Elektroden bei konstanter Ionisierung durch α- und β-Teilchen ($Q_p^{\alpha} > Q_p^{\beta}$). Die Darstellung zeigt eine Untergliederung in sechs Bereiche. Einige von ihnen sind mit den Arbeitsbereichen von Strahlungsdetektoren identisch.

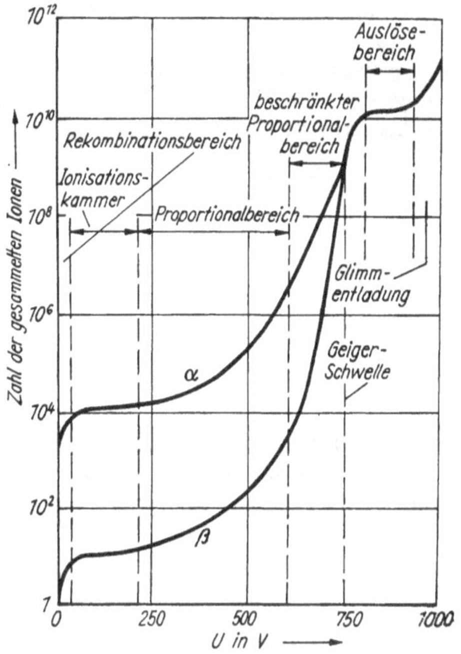

Abb. 8. Anzahl der gesammelten Ionenpaare bei einem zylindrischen Gasionisationsdetektor als Funktion der angelegten Spannung U (konstante Primärionisation)

2.1.1. *Ionisationskammern*

Arbeitsweise

Ionisationskammern enthalten als Detektormedium in der Regel Luft unter Normdruck. Seltener dienen Wasserstoff, Stickstoff, Argon oder Bortrifluorid zur Kammerfüllung. Unter dem Einfluß eines elektrischen Feldes werden die durch ionisierende Strahlung erzeugten positiven Ionen von der Katode abgesaugt. Die Elektronen bzw. die durch Elektronenanlagerung gebildeten negativen Ionen driften zur Anode. Bei Ionisationskammern wird die Spannung zwischen den Elektroden so gewählt, daß weitgehend alle durch Strahlung primär gebildeten Ionen und Elektronen die Elektroden erreichen. Die Wiedervereinigung von Ladungsträgern (Rekombination), Ladungsträgerverluste infolge Diffusion aus dem empfindlichen Detektorvolumen sowie Multiplikation der Ionen (Gasverstärkung) spielen während des Absaugvorganges eine untergeordnete Rolle. Ionisationskammern arbeiten im *Sättigungsbereich* (Abb. 8). Zwischen der Signalladung und der gebildeten Primärladung besteht der einfache Zusammenhang

$$Q = Q_p. \tag{2.6}$$

Es können der mittlere Ionisationsstrom (Stromkammern), die in einer bestimmten Zeit gesammelte elektrische Ladung (Integrationskammern) oder Einzelimpulse (Impulskammern) gemessen werden.

Aufbau

Größe und Form von Ionisationskammern richten sich nach dem Anwendungszweck. Vorwiegend finden Parallelplattenkammern und Zylinderkammern Verwendung. Seltener sind Ionisationskammern kugel- oder halbkugelförmig ausgebildet. Zwei bewährte Kammerkonstruktionen sind in Abb. 9 schematisch dargestellt.

Gewöhnlich dient die Innenelektrode als „Sammelelektrode". Sie steht mit dem elektrischen Meßinstrument in Verbindung. Die Außenelektrode (Spannungselektrode) ist oft mit der elektrisch leitenden Gehäusewand identisch. Das Kammer- und Elektrodenmaterial, die Wanddicke und das Kammervolumen werden durch die nachzuweisende Strahlungsart bestimmt. Gebräuchliche Konstruktionsmaterialien sind Messing, Kupfer, Graphit, Aluminium und elektrisch leitende Kunststoffe. Das empfindliche Gasvolumen kann zwischen 1 mm³ und 100 dm³ liegen. Neben geschlossenen und offenen Kammern werden auch Durchflußkammern eingesetzt, durch welche das Füllgas und die gasförmigen Strahlungsquellen kontinuierlich strömen.

Die zwischen Außen- und Innenelektrode anzulegende Spannung wird je nach der Kammergröße, der Gasfüllung und dem spezifischen Ionisierungsvermögen der Strahlung zwischen hundert und tausend Volt gewählt. Der zu messende Ionisationsstrom ist in der Regel sehr klein. An den spezifischen Widerstand des Isolators, der die Sammelelektrode von der Gehäusewand trennt, sind daher höchste Anforderungen zu stellen ($> 10^{13}\ \Omega$m). Geeignete Isolierstoffe sind Bernstein, Polytetrafluorethylen, Quarz, Polystyren und Sinterkeramik. Um Kriechströme über die Isolatoroberfläche zu unterdrücken, hat es sich als zweckmäßig erwiesen, den Isolator durch einen metallischen *Schutzring* zu unterteilen und diesen auf das Potential der Sammelelektrode zu legen. Wenn die Außenelektrode als Spannungselektrode fungiert, wird der Schutzring einfach geerdet. Durch diese Maß-

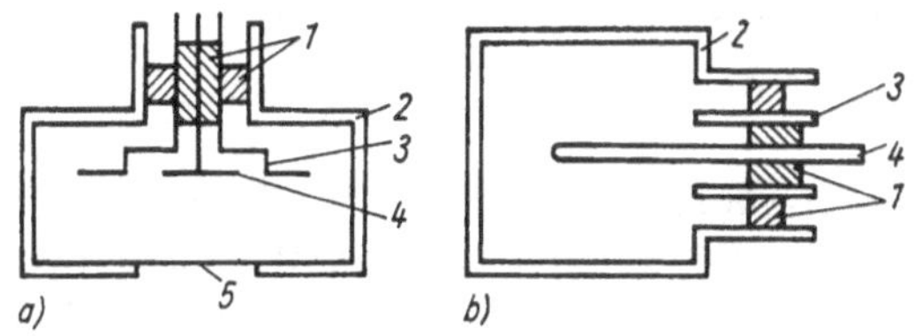

Abb. 9. Aufbau von Ionisationskammern
(a) Parallelplattenkammer, (b) Zylinderkammer; *1* Isolator, *2* Gehäuse, *3* Schutzring, *4* Sammelelektrode, *5* Fenster

nahme lassen sich die zwischen Sammelelektrode und Schutzring fließenden Isolationsströme, die eine Verfälschung des Meßergebnisses bewirken, erheblich reduzieren. Geeignet ausgebildete Schutzringe, die bis in die Kammer hineinreichen, führen außerdem zu einer Verbesserung des Feldverlaufs zwischen den Elektroden.

Stromkammern

Durch kontinuierliches Absaugen der in einer Ionisationskammer gebildeten Ladungsträger entsteht ein mittlerer Ionisationsstrom. Bei konstanter Einstrahlung wächst die Stromstärke I zunächst annähernd linear mit der Kammerspannung (OHMscher Bereich) und erreicht schließlich einen konstanten Wert, die *Sättigungsstromstärke* I_s, wenn keine Rekombinationsverluste mehr auftreten. Ist $\dot{N}$ die Zahl der je Sekunde in das empfindliche Kammervolumen eintretenden geladenen Teilchen und E_{abs} die je Teilchen im Mittel abgegebene Energie, so gilt:

$$I_s = \dot{N} e_0 \frac{E_{abs}}{\overline{W}_i}. \quad (2.7)$$

Die Stromstärke-Spannung-Charakteristik einer Ionisationskammer zeigt Abb. 10. Die Messung der Sättigungsstromstärke von Ionisationskammern erfolgt gewöhnlich indirekt durch Anzeige

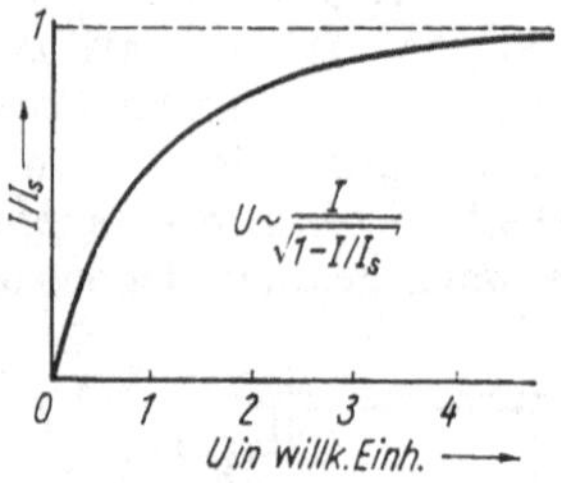

Abb. 10. Stromstärke-Spannung-Charakteristik einer Parallelplattenkammer

einer dem Strom proportionalen Spannung nach der Methode des Spannungsabfalls an einem hochohmigen Widerstand (Abb. 11a). Als elektrometrische Meßverstärker werden Schwingkondensatorelektrometer oder Verstärker mit Feldeffekttransistoreingängen verwendet.

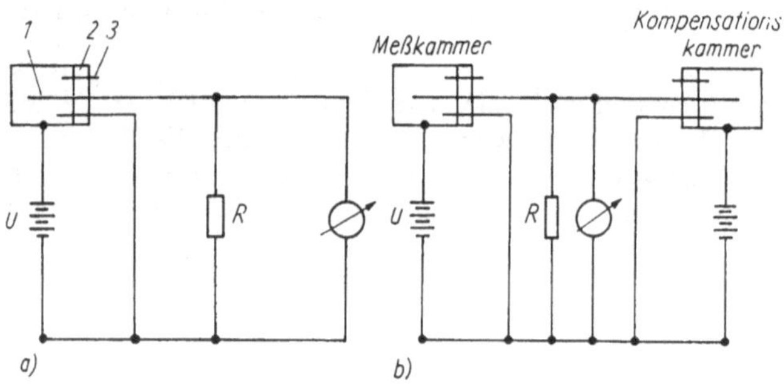

Abb. 11. Schaltung von Stromkammern
(a) Spannungsabfallmethode, (b) Spannungsabfallmethode mit Kompensationskammer; *1* Sammelelektrode, *2* Isolator, *3* Schutzring

Jeder Strahlungsdetektor liefert infolge der kosmischen Strahlung, der Umgebungsradioaktivität, radioaktiver Spurenelemente in den Konstruktionsmaterialien sowie elektrischer Störeinflüsse auch bei Abwesenheit von Strahlungsquellen Meßsignale, die als *Nulleffekt* bezeichnet werden. Bei Ionisationskammern äußert sich das in einem Untergrundstrom. Mittels geeigneter Schaltungen läßt sich dieser Nullpegel automatisch kompensieren. Kompensationsschaltungen mit zwei Ionisationskammern bewähren sich auch zur Messung einer Strahlungsart in einem gemischten Strahlungsfeld (Abb. 11b). Zur alleinigen Erfassung von Neutronen in einem (n, γ)-Feld benötigt man z. B. zwei Kammern gleicher Gammastrahlungs- aber unterschiedlicher Neutronenempfindlichkeit.

Integrationskammern

Die in Integrationskammern während der Meßzeit erzeugte elektrische Signalladung Q kann nach der Auflade- oder nach der Entlademethode ermittelt werden (Abb. 12).

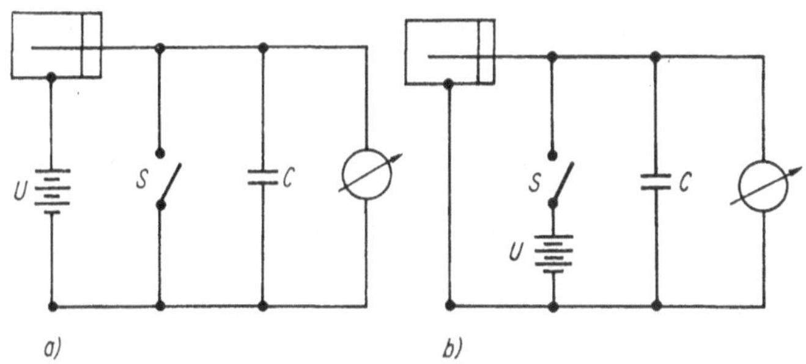

Abb. 12. Schaltung von Integrationskammern
(a) Auflademethode, (b) Entlademethode

Bei der *Auflademéthode* erfolgt vor der Messung durch kurzzeitiges Schließen des Schalters S die Entladung des Elektrometers und die Nullpunkteinstellung. Nach Öffnen des Schalters lädt der Ionisationsstrom die aus Kammerkapazität, Kapazität des Elektrometers und Kapazität der Zuleitungen bestehende Systemkapazität C auf. Die Ladung Q wird entweder am Elektrometer direkt abgelesen oder aus der Potentialänderung ΔU der Sammelelektrode berechnet:

$$Q = C\,\Delta U\,. \tag{2.8}$$

Die Potentialänderung darf jedoch nicht so groß werden, daß die zwischen Sammelelektrode und Spannungselektrode liegende Spannung unter den zur Aufrechterhaltung der Sättigungsstromstärke erforderlichen Wert absinkt.

Bei Anwendung der *Entlademethode* werden vor Beginn der Messung durch kurzes Schließen des Schalters S die Kammer und das Elektrometer auf die Kammerspannung $U = Q/C$ aufgeladen. Der durch ionisierende Strahlung erzeugte Ionisationsstrom entlädt das System teilweise, so daß nach der Exposition vom Elektrometer die kleinere Spannung $U' = Q'/C$ angezeigt wird. Die Spannungsänderung ist der Ladungsabnahme proportional, so lange die Kammer im Sättigungsbereich arbeitet:

$$U - U' = \frac{1}{C}(Q - Q'). \tag{2.9}$$

Impulskammern

Mit Ionisationskammern können auch die von ionisierenden Teilchen hervorgerufenen elektrischen Impulse einzeln gezählt werden (Impulsratenbestimmung). Darüber hinaus sind im Sättigungsbereich arbeitende Impulskammern für Energiemessungen geeignet. Wenn ein Teilchen seine gesamte Energie im empfindlichen Kammervolumen an das Gas abgibt, so wird auf den Elektroden die durch (2.5) gegebene Signalladung $Q = Q_p$ gesammelt, welche an der Systemkapazität C einen der Teilchenenergie E proportionalen Spannungsimpuls der Höhe

$$u_{max} = \frac{Q}{C} = \frac{e_0}{C\overline{W}_i} E_{abs} \sim E \tag{2.10}$$

erzeugt.

Wenn zu den Impulsen nur die Elektronen beitragen, deren Sammlung in ca. 1 µs erfolgt, spricht man von „schnellen" Kammern. Die Sammlungszeit der positiven Ionen beträgt einige ms.

Meist wird bei Impulskammern in Parallelplattenbauweise die Elektronenkomponente registriert. Das ist jedoch mit einem Nachteil verbunden. Die Impulshöhen hängen von den Entstehungsorten der Elektronen ab, weil die positiven Ionen je nach der Lage ihrer Bahnen eine unterschiedliche Influenzwirkung auf die Sammelelektrode (Anode) ausüben. Zur Verminderung dieses Einflusses schirmt man die Anode durch Anbringen eines Schutzgitters mit festem Potential zwischen den beiden Kammerelektroden ab (Gitterkammer nach FRISCH).

Ionisationskammertypen

Kammern für Alpha- und Betastrahlung. Zur Messung von Alphastrahlung und energiearmer Betastrahlung werden die radioaktiven Quellen direkt in das Innere der Ionisationskammern gebracht. Für Aktivitätsbestimmungen muß gewährleistet sein, daß die Teilchen bis zu ihrer vollständigen Abbremsung im elektrischen Feld verlaufen. Ionisationskammern für die Messung energiereicher Betastrahlung sind mit dünnen elektrisch leitenden Strahlungseintrittsfenstern versehen. Bei hinreichend hohem Füllgasdruck verlaufen auch energiereiche Betateilchen bis zum Bahnende im empfindlichen Kammervolumen. Gasförmige Strahlungsquellen (z. B. Tritium oder Radon in Luft) werden oft im Durchflußverfahren gemessen.

Kammern für Photonenstrahlung. Röntgen- und Gammastrahlung ionisiert das Füllgas hauptsächlich durch die in der Kammerwand ausgelösten Sekundärelektronen. Die Wanddicke wird mindestens gleich der maximalen Reichweite der Sekundärelektronen im Kammermaterial gewählt. Erhöhter Füllgasdruck (Hochdruckionisationskammern) steigert die Ansprechwahrscheinlichkeit für Photonenstrahlung. In der Dosimetrie und im Strahlenschutz verwendet man spezielle Ionisationskammern mit luft- bzw. gewebeäquivalentem Wandmaterial und Füllgas.

Kammern für Neutronenstrahlung. Zur Messung von Neutronenstrahlung werden drei Arten von Ionisationskammern eingesetzt. Die Kernreaktion (1.72) bildet die Grundlage für den Nachweis langsamer Neutronen mit Ionisationskammern, die eine BF_3-Gasfüllung enthalten bzw. deren Wände einen Borbelag tragen.

Ionisationskammern, bei denen die Elektroden dünn mit einem spaltbaren Material beschichtet sind, heißen *Spaltkammern.* Sie werden oft als Impulskammern betrieben. Der Neutronennachweis beruht auf der stark ionisierenden Wirkung der schweren Spaltfragmente. Um langsame Neutronen messen zu können, werden die Nuklide $^{235}_{92}U$, $^{233}_{92}U$ oder $^{239}_{94}Pu$ zur Wandbelegung verwendet. Kammern mit einem Spaltstoffbelag aus $^{238}_{92}U$ sind nur für schnelle Neutronen empfindlich.

Ein anderes Verfahren zur Messung schneller Neutronen nutzt die in Ionisationskammern mit Wasserstoff- oder Methanfüllung freigesetzten Rückstoßprotonen aus.

Anwendung

Ionisationskammern werden wegen ihres einfachen und robusten Aufbaus sowie der hohen Zuverlässigkeit häufig zur Messung ionisierender Strahlung verwendet. Haupteinsatzgebiete sind die Betriebsmeß-, Steuer- und Regelungstechnik (Stromkammern), die Dosimetrie und der Strahlenschutz (Strom- und Integrationskammern) sowie die Reaktormeßtechnik (Impuls- und Stromkammern). In der Kernphysik dienen Impulskammern zur Spektrometrie von Teilchen mit großem Ionisierungsvermögen.

2.1.2. *Proportionalzählrohre*

Arbeitsweise

Proportionalzählrohre arbeiten im Proportionalitätsbereich (Abb. 8). Im Gegensatz zu Ionisationskammern, bei denen nur die primär durch Strahlung gebildeten Ladungsträger gesammelt werden, erfolgt in Proportionalzählrohren eine Vervielfachung der Primärladung Q_p infolge Stoßionisation (*Gasverstärkung*). Zur Erzielung der hierzu erforderlichen hohen elektrischen Feldstärken wird die als Sammelelektrode dienende Anode meist in Form eines dünnen Wolfram- oder Stahldrahtes (Radius r_A) ausgebildet. Der zylinder-, kugel- oder halbkugelförmig gestaltete Gehäusemantel (Radius r_K) bildet die Katode. Für ein Rohr mit zentralem Anodendraht ist der Betrag der elektrischen Feldstärke E im Abstand r von der Achse bei der Detektorspannung U durch den Ausdruck

$$E(r) = \frac{1}{r} \frac{U}{\ln (r_K/r_A)} \tag{2.11}$$

gegeben (Zylinderkondensator).

Als Füllgase werden Edelgase (Argon) mit Zusatz von Methan, reines Methan, Propan, Ethan, Ethen und Bortrifluorid verwendet.

Die primär durch ionisierende Teilchen gebildeten Elektronen driften unter dem Einfluß des elektrischen Feldes zur Anode. Infolge der großen elektrischen Feldstärke übertrifft ihre kinetische Energie in unmittelbarer Nähe des Drahtes die Ionisierungsenergie der Gasatome und -moleküle. Sie sind daher in der Lage, ihrerseits durch Stöße zu ionisieren und anzuregen. Die durch Stoßionisation entstandenen Sekundärelektronen vermögen ebenfalls Ionenpaare zu bilden. Dieser Prozeß wiederholt sich mehrmals. Ein primäres Elektron löst auf diese Weise eine Lawine von n Elektronen aus. Jede Elektronenlawine ist örtlich begrenzt (auf etwa 1 mm) und von gleichzeitig gebildeten anderen Lawinen unabhängig. Darüber hinaus emittieren angeregte Atome und Gasmoleküle Photonen, die im Wandmaterial und Füllgas zusätzliche Elektronen auslösen. Bezeichnet man mit γ die Wahrscheinlichkeit, daß je Elektron in der Lawine ein Photoelektron entsteht, so treten zusätzlich γn Photoelektronen auf. Diese regen selbst wieder an und erzeugen neue Lawinen mit $(\gamma n)\, n = \gamma n^2$, $\gamma^2 n^3$ usw. Elektronen. Je Primärelektron erreichen schließlich

$$A_g = n + \gamma n^2 + \gamma^2 n^3 + \cdots \tag{2.12}$$

Elektronen den Anodendraht. Ist $|\gamma n| < 1$, so arbeitet der Detektor im Proportionalitätsbereich und man kann schreiben

$$A_g = \frac{n}{1 - n\gamma}. \tag{2.13}$$

Die Größe A_g heißt *Gasverstärkungsfaktor*.
Für die Arbeitsweise der Proportionalzählrohre ist eine strenge Proportionalität zwischen Signalladung Q und Primärladung Q_p charakteristisch. Es gilt

$$Q = A_g Q_p \text{ mit } A_g(U) > 1. \tag{2.14}$$

Der Gasverstärkungsfaktor ist abhängig von der Zählrohrspannung, von der Gasart und vom Gasdruck, nicht jedoch von der primär gebildeten Ladungsträgerzahl.

Bei ein- und zweiatomigen Gasen entsteht eine so große Anzahl von Photonen, daß A_g sehr stark mit U anwächst. Um das Einsetzen einer Dauerentladung ($|\gamma n| \to 1$) zu vermeiden, wählt man $A_g \leqq 10^2$. Durch Zusatz oder ausschließliche Verwendung organischer Gase sind Gasverstärkungsfaktoren bis 10^5 erreichbar. Mehratomige organische Gasmoleküle absorbieren unter Zerfall die ausgesandten Photonen, so daß mit $\gamma \approx 0$ für den Gasverstärkungsfaktor $A_g \approx n$ folgt. Bei sehr starker Ionisierung und großer Gasverstärkung ($A_g > 10^6$) behindern schließlich Raumladungen die Ausbildung der Ladungsträgerlawinen und stören die Proportionalität zwischen Signal- und Primärladung.

Teilchenzählung

Das Blockschaltbild einer Strahlungsmeßanordnung mit Proportionalzählrohr zeigt Abb. 13. Der Anodendraht ist mit dem Eingang eines Linearverstärkers verbunden. Ionisierende Teilchen, die das empfindliche Volumen durchsetzen, erzeugen am RC-Glied des Verstärkers Spannungsimpulse. Da rauscharme Verstärker ein äquivalentes Rauschen von ≈ 1000 Ionenpaaren besitzen, lassen sich bei Gasverstärkungsfaktoren von $A_g \approx 10^3$ noch einzelne Elektronen zählen. Infolge der hohen Gasverstärkung sind Proportionalzählrohre besonders für den Nachweis von Teilchen sehr kleiner Energie (weiche γ- und Röntgenstrahlung, energiearme β-Strahlung) geeignet. Den zeitlichen Verlauf von Impulsen eines Proportionalzählrohres zeigt Abb. 14. Ist die Zeitkonstante

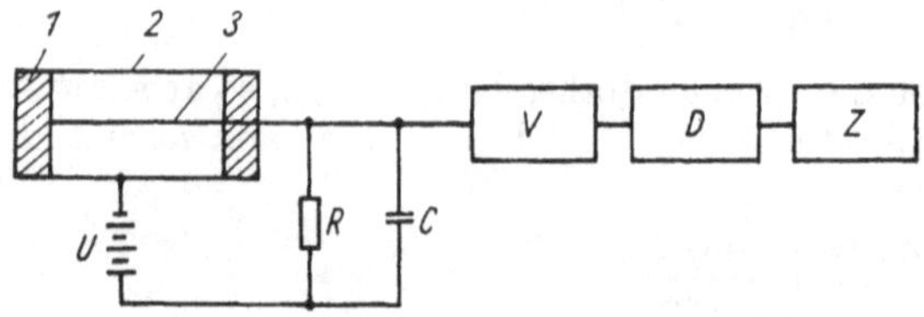

Abb. 13. Schaltung eines Proportionalzählrohres
1 Isolator, *2* Katode, *3* Anodendraht, *V* Linearverstärker, *D* Impulshöhendiskriminator oder Impulshöhenanalysator, *Z* Impulszähler

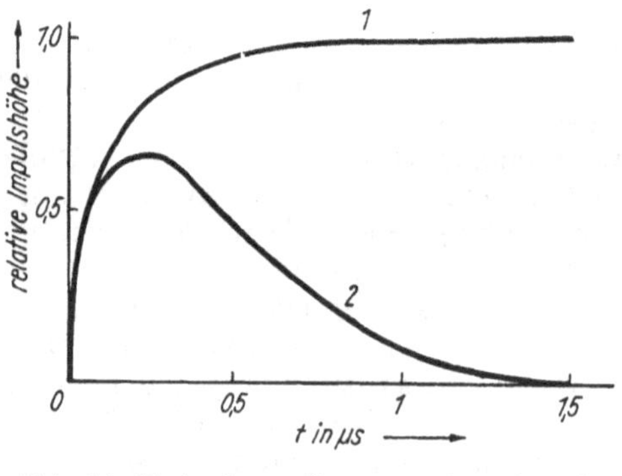

Abb. 14. Verlauf von Spannungsimpulsen bei Proportionalzählrohren
Kurve 1: $RC \gg t_+$; Kurve 2: $t_- \ll RC \ll t_+$

RC sehr groß im Vergleich zur Sammelzeit t_+ (0,1 bis 1 ms) der positiven Ionen, entsteht die durch Kurve 1 wiedergegebene Impulsform. Die kurze Wanderungszeit t_- (0,1 bis 0,5 μs) der Elektronen zur Anode bewirkt einen steilen Impulsanstieg, dem sich ein flacher Verlauf anschließt (Ionenkomponente). Wählt man dagegen $t_- \ll RC \ll t_+$, so ergibt sich ein Impulsverlauf entsprechend Kurve 2. Da bei kleiner Zeitkonstante die Impulsdauer kurz ist ($\approx$ 1 μs), können Impulsraten bis $10^6\ s^{-1}$ registriert werden, ohne das Zählverluste auftreten.

Die *Zählrohrcharakteristik* $\dot{n} = f(U)$ eines Proportionalzählrohres ist von der Strahlungsart, vom Verstärkungsgrad des Linearverstärkers und von der Ansprechspannung (Diskriminatorschwelle) der Folgeelektronik abhängig. Es werden nur Teilchen registriert, die Impulse erzeugen, deren Höhe die regelbare Ansprechschwelle des Diskriminators überschreiten. Durch Erhöhung der Zählrohrspannung wachsen Gasverstärkungsfaktor und Impulshöhe, so daß die Impulsrate steigt. Übertrifft die Höhe sämtlicher Impulse die Diskriminatorschwelle, dann werden alle einfallenden Teilchen registriert. Bei weiterer Erhöhung der

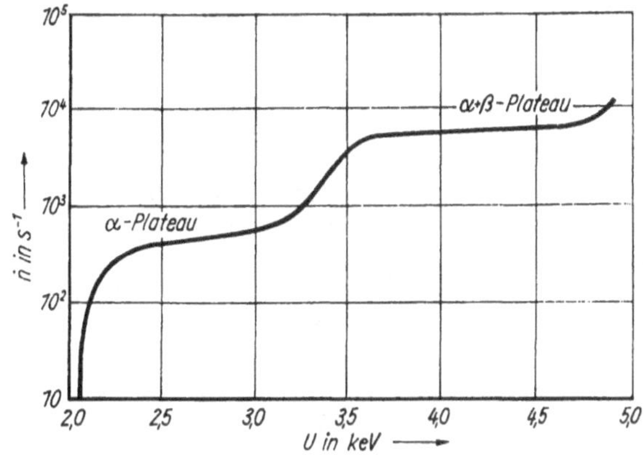

Abb. 15. Charakteristik eines Methan-Durchfluß-Proportionalzählrohres

Zählrohrspannung ändert sich die Impulsrate nur noch wenig. In dieses sogenannte *Plateau* legt man den Arbeitspunkt des Zählrohres. Abb. 15 zeigt die Zählrohrcharakteristik eines Methandurchflußzählrohres bei gemeinsamer Einstrahlung von α- und β-Teilchen. Es sind zwei deutlich getrennte Plateaus zu erkennen. Bei niedrigen Zählrohrspannungen erzeugen nur die stark ionisierenden α-Teilchen Impulse, welche die Diskriminatorschwelle übertreffen. Bei höheren Zählrohrspannungen sind auch die von den schwächer ionisierenden β-Teilchen ausgelösten Impulse so groß, daß sie ebenfalls registriert werden. Durch Differenzbildung läßt sich der reine β-Strahlungsanteil ermitteln. Proportionalzählrohre gestatten somit, in gemischten Feldern Strahlungsarten mit unterschiedlichem spezifischen Ionisierungsvermögen getrennt zu erfassen.

Die *Lebensdauer* geschlossener Proportionalzählrohre wird durch die allmähliche Dissoziation der organischen Füllgasanteile bestimmt und beträgt etwa 10^{12} Impulse.

Spektrometrie

Ebenso wie Impulsionisationskammern sind Proportionalzählrohre nicht nur für die Teilchenzählung sondern auch zur *Energiebestimmung* geeignet. In Analogie zu (2.10) ist für $RC \gg t_+$ (Abb. 14, Kurve 1) die Impulshöhe durch den Ausdruck

$$u_{\max} = A_g \frac{e_0}{C\overline{W}_i} E_{\text{abs}} \sim E \tag{2.15}$$

gegeben. Im Fall der Kurve 2 (Abb. 14) ist die Impulshöhe zwar kleiner, aber der Zahl der primär erzeugten Ionenpaare $E_{\text{abs}}/\overline{W}_i$ ebenfalls streng proportional. Unter der Voraussetzung, daß die zu messende Strahlung ihre Energie vollständig im Füllgas abgibt, kann nach linearer elektronischer Impulsverstärkung durch Impulshöhenanalyse das Energiespektrum aufgenommen werden. Die Zählrohrspannung muß hierzu auf $\approx 10^{-3}$ stabilisiert sein.

Die *Impulshöhenanalyse* mit Hilfe eines *Einkanalimpulshöhenanalysators* ist in Abb. 16 schematisch dargestellt. Ein derartiges Gerät besteht aus zwei in Antikoinzidenz geschalteten Diskriminatorstufen. An den Impulszähler werden nur Impulse mit Am-

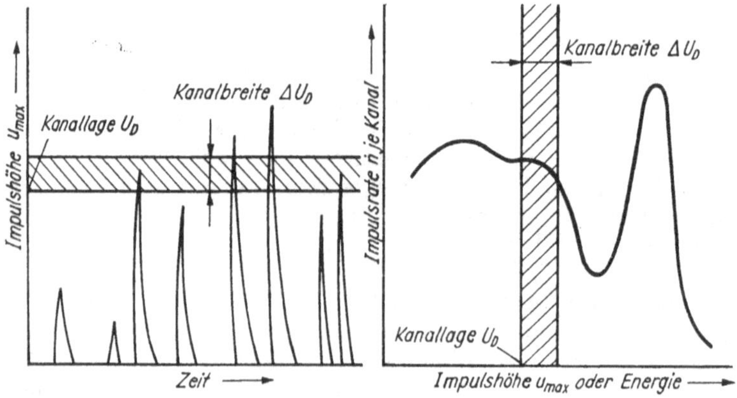

Abb. 16. Prinzip der Impulshöhenanalyse mit dem Einkanalimpulshöhenanalysator

plituden u_{max} weitergeleitet, die zwischen den Ansprechschwellen U_D und $U_D + \Delta U_D$ der beiden Diskriminatoren liegen. Für die untere Diskriminatorschwelle U_D ist die Bezeichnung *Kanallage* gebräuchlich. Die Spannungsdifferenz ΔU_D heißt *Kanalbreite*. Bei der Einkanalspektrometrie wird die Kanallage bei fester Kanalbreite schrittweise verschoben und für jede Einstellung die Impulsrate bestimmt. Durch Auftragen der Impulsrate je Kanal über der Kanalmitte erhält man die differentielle Impulshöhenverteilung. Da stets nur ein Teil des Spektrums registriert wird, sind im Falle kleiner Impulsraten beträchtliche Gesamtmeßzeiten erforderlich. Bei kurzlebigen radioaktiven Quellen versagt dieses Verfahren überhaupt.

Durch den Einsatz von *Vielkanalimpulshöhenanalysatoren* werden diese Nachteile vermieden. Man tastet hierbei das Amplitudenspektrum nicht durch Verschieben eines Kanals ab, sondern ordnet die einzelnen Impulse entsprechend ihrer Höhe sofort bestimmten Amplitudenintervallen zu (Analog-Digital-Wandler). Die in jeden Amplitudenkanal fallenden Impulszahlen werden in einem Speicher (Ferritkernmatrix, Halbleiterspeicher) summiert. Über einen Digital-Analog-Wandler können die gespeicherten Spektren auf einem Bildschirm oder mittels eines Schreibers visuell dargestellt werden. Digital ist die Datenausgabe an Lochbandstanzer, Drucker oder Magnetbandspeicher möglich. Handelsübliche Geräte besitzen 1024 bis 4096 Kanäle und Speicherkapazitäten von 10^5 bis 10^6 Impulsen je Kanal.

Zählrohrtypen

Fensterzählrohre. Zur Zählung und Spektrometrie energiearmer Elektronen ($E_e \approx 100$ keV) und niederenergetischer Photonenstrahlung ($E_\gamma < 20$ keV) dienen Proportionalzählrohre mit dünnen, gasdichten Strahlungseintrittsfenstern aus Glimmer (Dicke < 10 µm) im Katodenmantel.

Gasdurchflußzählrohre. Sehr oft setzt man im Proportionalitätsbereich arbeitende Gasdurchflußzählrohre zur Aktivitätsbestimmung von α- und β-Strahlungsquellen ein. Die radioaktiven Proben werden unmittelbar in das Zählrohrinnere eingebracht. Als Füllgas dient meist reines Methan, das unter geringem Überdruck laufend den Zähler durchströmt. Die Anode hat gewöhnlich die Form einer Drahtschleife (Drahtdurchmesser < 50µm). Die flächenhafte Strahlungsquelle wird entweder auf dem Boden einer

Zylinderkammer unterhalb der Anodendrahtschleife (2π-Zähler) oder zwischen zwei Gasdurchflußzählrohren (4π-Zähler) angeordnet (Abb. 17).

Neutronenzählrohre. Besondere Bedeutung besitzen Proportionalzählrohre in der Neutronenmeßtechnik.

Die Zählung thermischer Neutronen, insbesondere bei hohem Gammauntergrund, erfolgt mit Bor-Zählrohren unter Ausnutzung der Kernreaktion (1.72). Sie enthalten entweder BF_3 als Füllgas

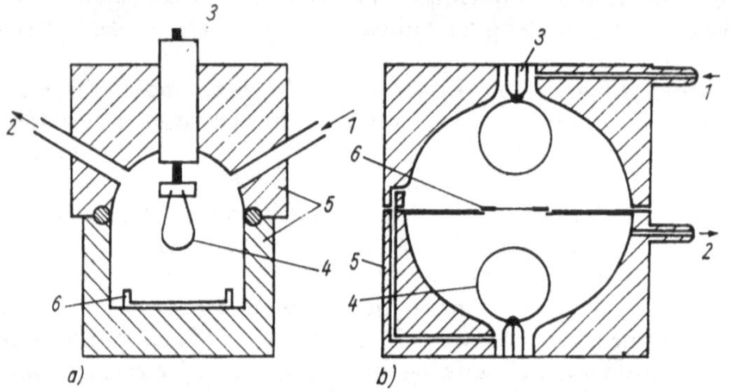

Abb. 17. Schnitt durch Gasdurchfluß-Proportionalzählrohre (a) 2π-Zähler, (b) 4π-Zähler; *1* Gaszuführung, *2* Gasabführung, *3* Isolator, *4* Anodendrahtschleife, *5* Gehäuse (Katode), *6* Probe

oder einen dünnen Katodenbelag aus Bor. Zur Registrierung schneller Neutronen bettet man BF_3-*Zählrohre* in Paraffin ein und zählt die auf thermische Energie abgebremsten Neutronen. Eine oft benutzte Anordnung, die es erlaubt, Neutronen mit Energien zwischen 0,1 und 10 MeV mit gleicher Wahrscheinlichkeit zu zählen, ist der sogenannte „*Long Counter*" (Abb. 18).

Proportionalzählrohre mit ^{3}He als Füllgas (^{3}He-*Zähler*) beruhen auf der Reaktion (1.70). Sie eignen sich für die Messung und Spektrometrie mittelschneller und schneller Neutronen bis etwa $E_n = 1$ MeV.

Die Spektrometrie und Zählung von Neutronen im Energiebereich 20 keV $\leq E_n \leq$ 10 MeV ist auch mit *Rückstoßprotonen-Proportionalzählrohren* möglich. Sie sind mit Wasserstoff oder gasförmigen Kohlenwasserstoffen gefüllt.

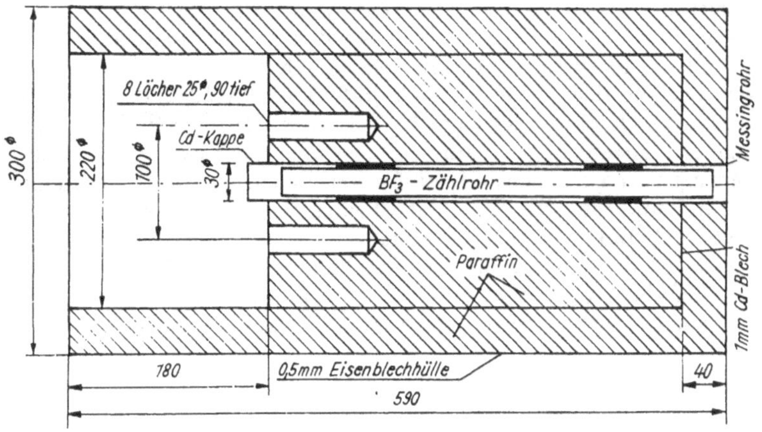

Abb. 18. Schnitt durch einen „Long Counter"

Anwendung

Die wichtigsten praktischen Einsatzgebiete von Proportionalzählrohren sind der Strahlenschutz (Kontaminationskontrolle und Neutronenmeßtechnik), die Analysenmeßtechnik und Strukturaufklärung (Röntgenfluoreszenzanalyse, Mößbauerspektrometrie), die Reaktormeßtechnik (Neutronenflußdichtemessung, Neutronenspektrometrie), die Metrologie (Aktivitätsbestimmung) sowie die radiometrische Altersbestimmung (^{14}C- und Tritiummeßtechnik).

2.1.3. *Auslösezählrohre* (GEIGER-MÜLLER-*Zählrohre*)

Arbeitsweise

Grundsätzlich entsprechen Auslöse- oder GEIGER-MÜLLER-Zählrohre in ihrem Aufbau Proportionalzählrohren. Durch geeignete Wahl der Zählrohrspannung bildet sich jedoch in Anodendrahtnähe eine so hohe elektrische Feldstärke aus, daß eine oberhalb des Proportionalitätsbereiches, im sogenannten Auslösebereich (Abb. 8), arbeitende Zählanordnung entsteht. In diesem Gebiet ist der Gasverstärkungsfaktor ($A_g = 10^6$ bis 10^8) nicht mehr unabhängig von der Primärionisation. Beim Aufbau der Ladungsträgerlawinen entstehen in zunehmendem Maße angeregte Gasatome, die Photonen aussenden. An der Zählrohrwand und im Füllgas werden durch Photoeffekt Sekundärelektronen freigesetzt, die neue Ladungsträgerlawinen erzeugen. Die Lawinenbildung bleibt jedoch nicht wie bei den Proportionalzählrohren auf die Orte der Primärionisation beschränkt, sondern breitet sich entlang des ganzen Anodendrahtes aus. Während die Elektronen rasch abwandern ($\approx 10^{-8}$ s), verbleibt in Zähldrahtnähe eine schlauchförmige Raumladungswolke aus langsam beweglichen positiven Ionen. Dieser Ionenschlauch wirkt als „virtuelle Anode“ und setzt die elektrische Feldstärke soweit herab, daß die Lawinenbildung zunächst erlischt.

In Auslösezählrohren ist die Signalladung Q unabhängig von der Primärladung Q_p. Sie ist lediglich eine Funktion der elektrischen Feldstärke und der Anodendrahtlänge. Es gilt:

$$Q(U) \gg Q_p, \quad \text{unabhängig von } Q_p. \tag{2.16}$$

Zwischen Signalladung und absorbierter Strahlungsenergie besteht keine Proportionalität mehr. Die in das Zählrohr eintretenden Teilchen lösen nur den Entladungsvorgang aus. Unabhängig von der Primärionisation entstehen stets Impulse gleicher Höhe (1 bis 100 V).

Damit nacheinander einfallende Teilchen gezählt werden können, muß der einmal gezündete Entladungsvorgang abbrechen. Zunächst ist das nicht der Fall. In ca. 10^{-4} s wandern zwar die positiven Ionen zur Zählrohrwand, so daß sich die elektrische Feldstärke am Zähldraht wieder aufbaut, bei ihrer Neutralisation befreien sie aber aus der Oberfläche Sekundärelektronen. Außerdem entstehen durch angeregte Gasatome Photoelektronen. Diese Ladungsträger bewirken ein erneutes Einsetzen der Zählrohrentladung. Ein einziges Teilchen würde somit eine intermittierende Dauerentladung auslösen, wenn die Löschung dieses zyklicshen Prozesses nicht erzwungen wird. Bei den heute vorwiegend benutzten *selbstlöschenden Zählrohren* erreicht man einen Abbruch des Entladungsvorganges durch Mischung des Zählgases (Argon, Neon) mit organischen Dämpfen (Ethanol, Methan) oder Halogenen (Brom, Chlor). Eine oft verwendete Zählrohrfüllung besteht aus Argon und Ethanol im Verhältnis 10 : 1 bei einem Gesamtdruck von etwa 13 kPa. Der Löschzusatz beeinflußt den Entladungsprozeß in zweierlei Weise. Beim Einfall eines ionisierenden Teilchens bildet sich auch in einem selbstlöschenden Zählrohr zunächst die erste Ladungsträgerlawine aus. Die mehratomigen Löschgasmoleküle absorbieren aber weitgehend die in der Lawine emittierten Photonen, so daß die Bildung von Photoelektronen unterbleibt. Außerdem übergeben die positiven Edelgasionen durch Stoß ihre Ladung an Löschgasmoleküle. Diese wandern anstatt der Zählgasionen zur Zählrohrwand, wo sie in der Regel dissoziieren, ohne Sekundärelektronen auszulösen. Der Entladungsvorgang erliegt somit. Erst wenn wieder ein Teilchen in das Zählrohr eindringt, wird erneut eine Entladung gezündet.

Eigenschaften

Zählrohrcharakteristik. Abb. 19 zeigt die Charakteristik eines GEIGER-MÜLLER-Zählrohres bei konstanter Einstrahlung. Erst oberhalb einer von der Ansprechschwelle der Zählanordnung und von den Zählrohreigenschaften abhängigen Mindestspannung, der *Einsatzspannung* U_E, beginnt das Zählrohr zu arbeiten. Nach einem steilen Anstieg verändert sich die Impulsrate im *Zählrohrplateau* zwischen den Spannungswerten U_{P1} und U_{P2} nur noch wenig. Als *Arbeitsspannung* wird meist

$$U_A = U_E + 100\ \text{V} \tag{2.17}$$

gewählt. Neben der Länge des Plateaus ist dessen *Steigung*

$$s = \frac{\dot{n}_2 - \dot{n}_1}{\dot{n}_m}\ 100\%/100\ \text{V} \tag{2.18}$$

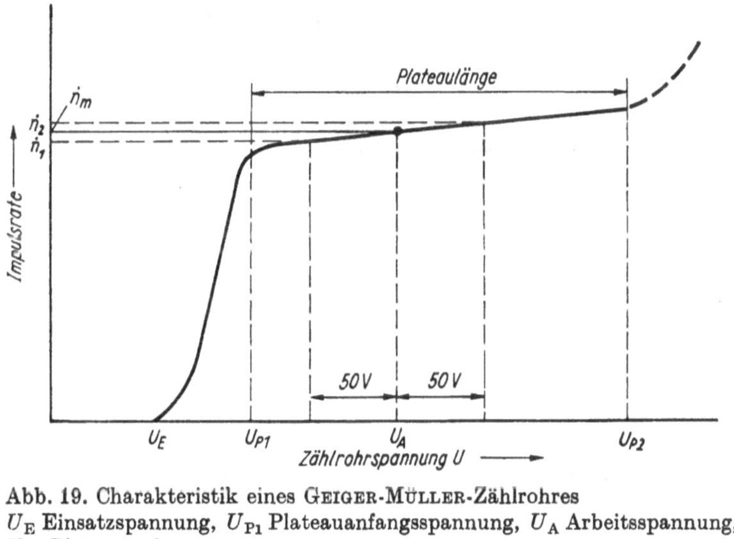

Abb. 19. Charakteristik eines GEIGER-MÜLLER-Zählrohres
U_E Einsatzspannung, U_{P1} Plateauanfangsspannung, U_A Arbeitsspannung, U_{P2} Plateauendspannung

ein Maß für die Zählrohrgüte. Die Steigung sollte 5%/100 V nicht überschreiten. Oberhalb U_{P_2} führt eine Dauerentladung zur Zerstörung des Zählrohres.

Zeitauflösung. Der erläuterte Entladungsmechanismus bestimmt maßgeblich die Zeitauflösung von GEIGER-MÜLLER-Zählrohren. Solange infolge der träge zur Katode abwandernden Ionenwolke die Spannung unterhalb der Einsatzspannung bleibt, lösen neu einfallende Teilchen keine Impulse aus. Nach Zündung einer Entladung ist das Zählrohr während der *Totzeit* t_T (Abb. 20) unempfindlich. Wenn sich die Abschirmung des Anodendrahtes durch den Ionenschlauch vermindert, steigt die Zählrohrspannung wieder an, so daß erneut eine Lawinenbildung stattfinden kann. Die entstehenden Impulse sind jedoch zunächst klein. Nach Ablauf der *Auflösungszeit* t_A ist die für das Ansprechen der elektronischen Zähleinrichtung erforderliche Mindestimpulsgröße u_{min} erreicht. Erst wenn die *Erholungszeit* t_E verstrichen ist, besitzen die Impulse wieder die ursprüngliche Höhe. Bei selbstlöschenden Auslösezählrohren liegt die Totzeit zwischen 100 und 300 μs.

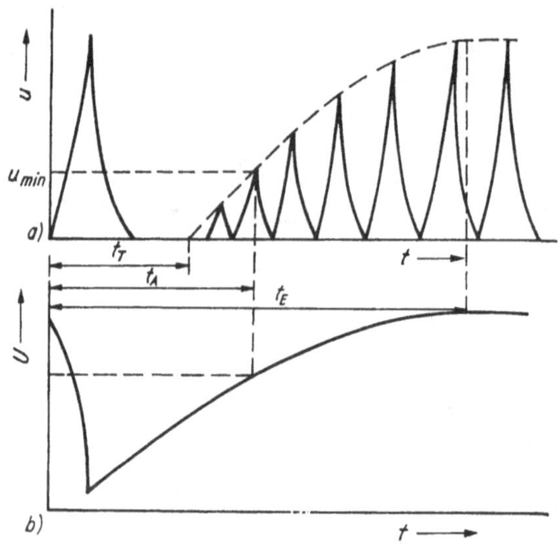

Abb. 20. Impulsspannung am Arbeitswiderstand (a) und Spannung am Anodendraht (b) in Abhängigkeit von der Zeit. Die Totzeit ist abhängig von Füllgasart, Füllgasdruck, Zählrohrabmessungen, Zählrohrspannung und Impulsrate.

Das zeitliche Auflösungsvermögen wird durch die Auflösungszeit bestimmt. Sie ist für die Zählverluste verantwortlich, die insbesondere bei hohen Teilchenflußdichten auftreten, wenn die Impulse sehr schnell aufeinanderfolgen (s. 3.1.2.).

Nachweiseffektivität. Das Ansprechvermögen oder die Nachweiseffektivität f_{eff} eines Zählrohres ist als Wahrscheinlichkeit dafür definiert, daß ein in das empfindliche Volumen gelangendes Teilchen einen Impuls auslöst und nachgewiesen wird. Für α- und β-Strahlung liegt die Nachweiseffektivität bei 100% ($f_{eff} \approx 1$). Das Ansprechvermögen für Photonenstrahlung hängt von der Art und Dicke des Katodenmaterials, vom Füllgasdruck und von der Photonenenergie ab. Während für weiche Röntgenstrahlung mit speziellen Zählrohren Ansprechvermögen bis 50% erreichbar sind, liegt die Zählrohreffektivität für energiereiche Röntgen- und γ-Strahlung bei 1%.

Lebensdauer. Infolge der Dissoziation der Löschgasmoleküle verschlechtern sich die Zählrohreigenschaften allmählich. Wenn die Plateaulänge 100 V unterschreitet und die Plateausteigung 10%/100 V übertrifft, ist das Ende der Nutzungsdauer erreicht. Bei organisch gelöschten Zählrohren ist das dann der Fall, wenn etwa 10^8 Impulse gezählt wurden. Die Lebensdauer von Halogenzählrohren beträgt dagegen $> 10^{10}$ Impulse, weil die dissoziierten Halogenmoleküle größtenteils rasch rekombinieren.

Zählrohrtypen

Die gebräuchlichsten Ausführungsformen von Geiger-Müller-Zählrohren zeigt Abb. 21. Sie sind der nachzuweisenden Strahlungsart und dem Aggregatzustand der Meßproben angepaßt.

Zylinderförmige Mantelzählrohre werden zur Messung energiereicher β- und γ-Strahlung verwendet. Zum Nachweis von α- und energiearmer β-Strahlung dienen sogenannte Endfenster- oder Glockenzählrohre, bei denen ein dünnes Glimmerfenster den zylindrischen Katodenmantel abschließt. Für die Messung radioaktiver Flüssigkeiten benutzt man Becher-, Eintauch- oder Durchflußzählrohre.

Anwendung

Im Gegensatz zu Proportionalzählrohren sind Geiger-Müller-Zählrohre weder zur Spektrometrie noch zur Teilchendiskriminierung geeignet. Sie können lediglich als reine Teilchenzähler eingesetzt werden. Aufgrund ihres niedrigen Preises und der bescheidenen Anforderungen an die Zählelektronik gehören sie trotzdem zu den in der Praxis am häufigsten benutzten Strahlungsdetektoren. GEIGER-MÜLLER-Zählrohre finden in der Strahlungsmeßtechnik überall Verwendung, wo es sich um einfache Impulsratebestimmungen handelt.

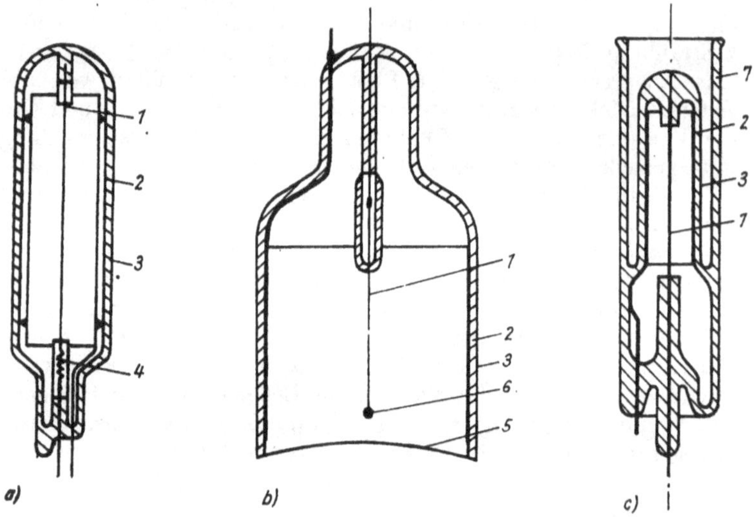

Abb. 21. GEIGER-MÜLLER-Zählrohre, schematisch
(a) Zylindrisches Mantelzählrohr, (b) Glockenzählrohr, (c) Becherzählrohr; *1* Anodendraht, *2* Katode, *3* Glaskolben, *4* Spannfeder, *5* Zählrohrfenster, *6* Glasperle, *7* Glasbecher

2.1.4. *Halbleiterdetektoren*

Arbeitsweise

Halbleiterdetektoren ähneln prinzipiell gasgefüllten Ionisationskammern. Sie können als *Festkörperionisationskammern* aufgefaßt werden. Anstelle des Füllgases dient ein hochohmiger Halbleiterkristall aus einem Material mit breiter verbotener Zone als empfindliches Detektormedium. Dringt ionisierende Strahlung in das Arbeitsvolumen ein, so entstehen jedoch keine Elektronen-Ionen-Paare, sondern frei bewegliche *Elektronen-Defektelektronen-Paare*. Diese Ladungsträger werden durch ein elektrisches Feld abgesaugt, gelangen an die Feldgrenzen und erzeugen an einem äußeren Arbeitswiderstand Spannungsimpulse. Die Ladungsträgersammlung wird durch eine hohe Beweglichkeit und große mittlere Lebensdauer der Elektronen und Defektelektronen begünstigt. Das Blockschaltbild eines Strahlungsmeßplatzes mit Halbleiterdetektor zeigt Abb. 22. Für die Gesamtladung der erzeugten Ladungs-

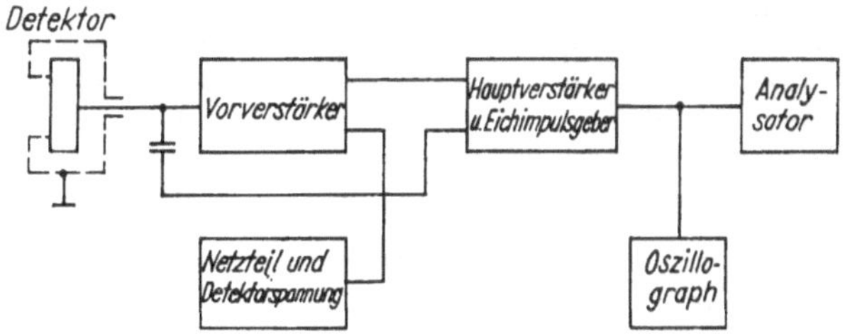

Abb. 22. Blockschaltbild eines Strahlungsmeßplatzes mit Halbleiterdetektor

träger und die maximale Größe der entstehenden Spannungsimpulse gelten wie bei der Ionisationskammer die Beziehungen (2.5) und (2.10). In (2.5) ist unter E_{abs} die bei vernachlässigbar kleiner Fensterdicke (Totschicht) im empfindlichen Detektorvolumen absorbierte Teilchenenergie zu verstehen. Der mittlere Energieaufwand $\overline{W}_i$ zur Bildung eines Ladungsträgerpaares liegt bei Halbleitern etwa um eine Größenordnung unterhalb des Wertes für Gase (s. Tabellen 5 und 6). Bei vergleichbarer Energieabsorption entsteht daher in einem Halbleiterdetektor eine zehnmal größere elektrische Ladung als in einer gasgefüllten Ionisationskammer. Außerdem sind infolge der um mehrere Größenordnungen höheren Dichte fester Körper wesentlich kleinere Detektorvolumina zur Absorption der gleichen Strahlungsenergie ausreichend. In (2.10) ist für C die durch Addition der Detektorkapazität, der Kapazität des Kabels, der Streukapazität und der Kapazität des Verstärkereinganges gebildete Gesamtkapazität einzusetzen.

Als Grundmaterial für die Herstellung von Halbleiterdetektoren dienen gegenwärtig ausschließlich die Elementhalbleiter Silicium und Germanium. Detektoren auf der Basis binärer Verbindungen (HgI_2, CdTe, GaAs) befinden sich noch im Entwicklungsstadium. Wichtige Eigenschaften von Silicium, Germanium, Quecksilberiodid und Cadmiumtellurid sind in Tab. 6 zusammengestellt.

Tabelle 6

Eigenschaften von Silicium, Germanium, Quecksilberiodid und Cadmiumtellurid

	Si	Ge	HgI_2	Cd Te
Ordnungszahl	14	32	80/53	48/52
Dichte in kg/m^3	2330	5320	6271	6060
Dielektrizitätszahl ε_r	12	16,3	9	9,65
Breite der verbotenen Zone in eV (bei 300 K)	1,11	0,66	2,13	1,45
mittlere Energie $\overline{W}_i$ je Ladungsträgerpaar in eV	3,65	2,95	4,22	4,43
Elektronenbeweglichkeit μ_n in $m^2\ V^{-1}\ s^{-1}$				
bei 300 K	0,135	0,380	0,01	0,11
bei 77 K	4	3,6		1,5
Defektelektronenbeweglichkeit μ_p in $m^2\ V^{-1}\ s^{-1}$				
bei 300 K	0,048	0,180	$4 \cdot 10^{-4}$	$8 \cdot 10^{-3}$
bei 77 K	1,8	4,2		0,1
mittlere Ladungsträgerlebensdauer τ in s				
Elektronen	$1 \cdot 10^{-3}$	$1 \cdot 10^{-3}$	$1 \cdot 10^{-6}$	$1 \cdot 10^{-6}$
Defektelektronen	$1 \cdot 10^{-3}$	$1 \cdot 10^{-3}$	$2 \cdot 10^{-6}$	$1 \cdot 10^{-6}$
spezifischer Widerstand bei Eigenleitung in Ωm				
bei 300 K	2300	0,47	10^{10}	10^4
bei 77 K		500	bis 10^{13}	bis 10^8
Fano-Faktor F	0,1	0,1	0,2	0,4

Detektortypen

Halbleiterdetektoren mit innerem p-n-Übergang

Halbleiterdetektoren mit innerem p-n-Übergang bestehen gewöhnlich aus Silicium. Zwischen zwei Elektroden, dem Front- und dem Basiskontakt, befindet sich ein Halbleiterkristall, bestehend aus einem Si-Block vom p-Leitungstyp, auf dem eine dünne n-leitende Schicht aufgebracht ist (Abb. 23). Am p-n-Übergang diffundieren Elektronen in das p-Gebiet und Defektelektronen in den n-Leiter. Eine sich aufbauende Diffusionsspannung U_D (für Silicium bei Zimmertemperatur $\approx 0{,}6$ V) behindert den weiteren Diffusionsvorgang. Beiderseits der Grenzschicht verbleiben die ortsfesten Störstellen mit entgegengesetztem Vorzeichen. Es entsteht eine an frei beweglichen Ladungsträgern

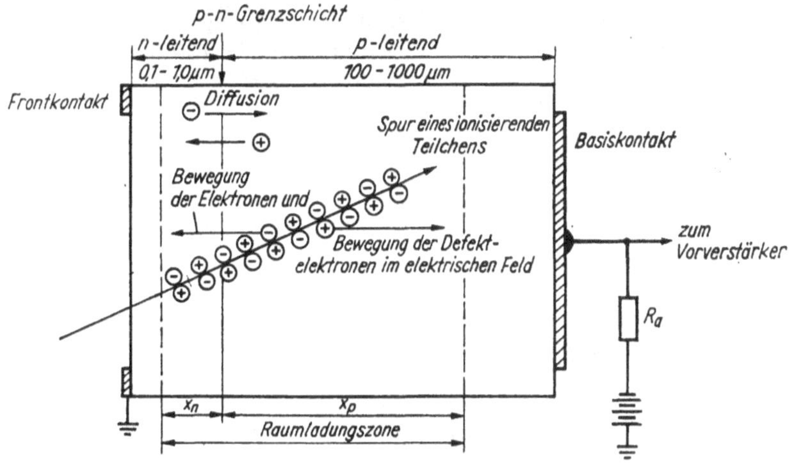

Abb. 23. Aufbau eines Halbleiterdetektors mit innerem p-n-Übergang

verarmte *Raumladungszone* oder *Sperrschicht*. Durch Anlegen einer äußeren Sperrspannung U_A (p-Gebiet gegenüber n-Gebiet negativ vorgespannt) werden Elektronen aus der Übergangszone in den n-Leiter und Defektelektronen in den p-Leiter hineingezogen, so daß sich die Raumladungszone verbreitert. Die Schichtdicken der beiden Verarmungsgebiete x_p und x_n erhält man durch Einsetzen der entsprechenden Zahlenwerte in die Beziehung

$$x = \sqrt{2\varepsilon_r \varepsilon_0 \varrho \mu (U_D + U_A)}\,; \tag{2.19}$$

ε_r — Dielektrizitätszahl des Grundmaterials, ε_0 — elektrische Feldkonstante, μ — Ladungsträgerbeweglichkeit, ϱ — spezifischer Widerstand des Grundmaterials.

Die Raumladungszone (Gesamtbreite $x_d = x_p + x_n$) stellt das empfindliche Detektorvolumen dar. Faßt man die Begrenzungen dieses Gebietes als Platten eines Kondensators auf, so folgt für die Detektorkapazität

$$C = \varepsilon_r \varepsilon_0 \frac{A}{x_d}; \tag{2.20}$$

A — Fläche der Grenzschicht.

Neben der Diffusionsspannung fällt an der hochohmigen Raumladungszone die gesamte Sperrspannung ab, so daß sich in diesem Gebiet eine große elektrische Feldstärke ausbildet (Abb. 25a). Die Totschicht zwischen dem Frontkontakt und der Raumladungszone sowie der Bereich hinter der Raumladungszone sind feldfrei. Aus den Beziehungen (2.19) und (2.20) ist ersichtlich, daß die Sperrschichtdicke, die Detektorkapazität und somit nach (2.10) auch die Impulsgröße von der Sperrspannung U_A abhängen. Damit das Signal nicht durch Betriebsspannungsänderungen beeinflußt wird, erfolgt daher die Verstärkung zuerst in einem la-

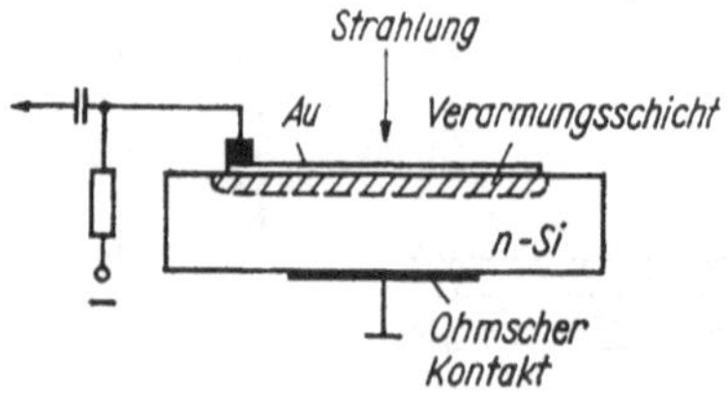

Abb. 24. Aufbau eines Oberflächensperrschicht-detektors

dungsempfindlichen Vorverstärker mit hoher dynamischer Eingangskapazität und erst anschließend im Hauptverstärker. Die Impulshöhe am Ausgang des Vorverstärkers liegt in der Größenordnung von 10 mV (Impulslänge 10 ns bis 1 µs).

Der innere p-n-Übergang wird meist durch Eindiffundieren von Phosphor in p-leitendes Silicium erzeugt. Man bezeichnet diese Detektoren daher auch als Si(P)-Detektoren.

Oberflächensperrschichtdetektoren. Zu den einfachsten und billigsten Halbleiterdetektoren gehört der Oberflächensperrschicht- oder Oberflächenbarrieredetektor (Abb. 24). Der zylindrische Grundkörper dieses Detektors besteht aus hochohmigem n-Silicium. Eine Oberfläche des Scheibchens wird geätzt und anschließend der Luft ausgesetzt. Durch Oxydation bildet sich eine Oberflächeninversionsschicht. Über diese Schicht wird im Vakuum ein hauchdünner Goldbelag (Dicke ≈ 10 nm) gedampft, der zugleich als Frontkontakt und Strahlungseintrittsfenster dient. Der Basiskontakt auf der Rückseite besteht gewöhnlich aus Aluminium. Die Verarmungszone an der Oberfläche dieses Gebildes stellt das empfindliche Detektorvolumen dar. Oberflächensperrschichtdetektoren werden auch Au-Si-Detektoren genannt.

Lithiumdriftdetektoren. Die Dicke der Raumladungszone eines Halbleiterdetektors mit p-n-Übergang wird nach (2.19) maßgeblich durch die Sperrspannung und den spezifischen Widerstand des Grundmaterials bestimmt. Zum Nachweis energiereicher Strahlung, insbesondere von Photonenstrahlung, sind große Detektorvolumina erforderlich. Die Durchbruchspannung des p-n-Überganges stellt jedoch eine obere Grenze für die Sperrspannung dar, so daß man maximal empfindliche Schichten von 1 bis 3 mm Dicke erreicht. Eine Möglichkeit zur Herstellung von Halbleiterdetektoren mit breiteren Raumladungszonen eröffnet das Ionendriftverfahren mit Lithium. Bei einer Temperatur von 400 °C läßt man in p-leitendes Grundmaterial (Si, Ge) Lithiumatome eindiffundieren. Sie wirken als Donatoren, so daß ein p-n-Übergang entsteht. Die auf Zwischengitterplätzen abgelagerten Lithiumatome sind bereits bei Zimmertemperatur ionisiert. Der Kristall wird nun auf ca. 100 °C erwärmt und unter dem Einfluß eines in Sperrichtung gepolten elektrischen Feldes erfolgt der eigentliche Driftprozeß. Von der n-Seite wandern die Lithiumatome in das p-Gebiet hinein und kompensieren die dort befindlichen negativen Akzeptorrümpfe. Auf diese Weise entsteht zwischen dem n- und p-Gebiet eine annähernd eigenleitende, hochohmige Zone, die sogenannte i-Schicht (intrinsic layer). Derartige Gebilde bezeichnet man als *p-i-n-Strukturen.* Die raumladungskompensierte i-Zone weist beim Anlegen der Betriebsspannung eine konstante elektrische Feldstärke auf (Abb. 25b). Sie bildet das empfindliche Detektorvolumen. Lithiumgedriftete Halbleiterdetektoren werden in planarer oder koaxialer Form hergestellt und unter Hinweis auf das verwendete Grundmaterial als Si(Li)- oder Ge(Li)-Detektoren bezeichnet. Es gibt Lithiumdriftdetektoren mit aktiven Volumina bis 10^5 mm^3.

Um das Herauswandern der leichtbeweglichen Lithiumatome aus der i-Schicht zu unterbinden, müssen die in Vakuumkammern angeordneten Ge(Li)-Detektoren stets bei der Temperatur des flüssigen Stickstoffs (77 K) gelagert und betrieben werden. Abbildung 26 zeigt den Aufbau einer Detektorkühlkammer mit Kryostat. Si(Li)-Detektoren können bei Raumtemperatur verwendet werden, wenn man keine hohen Anforderungen an das energetische Auflösungsvermögen stellt, andernfalls ist auch eine

Kühlung erforderlich. Ihre Aufbewahrung erfolgt bei Temperaturen um −30 °C. Die Lagerung bei Zimmertemperatur ist möglich, wenn zur Verhinderung der Lithiumdiffusion ständig eine Spannung am Detektor anliegt.

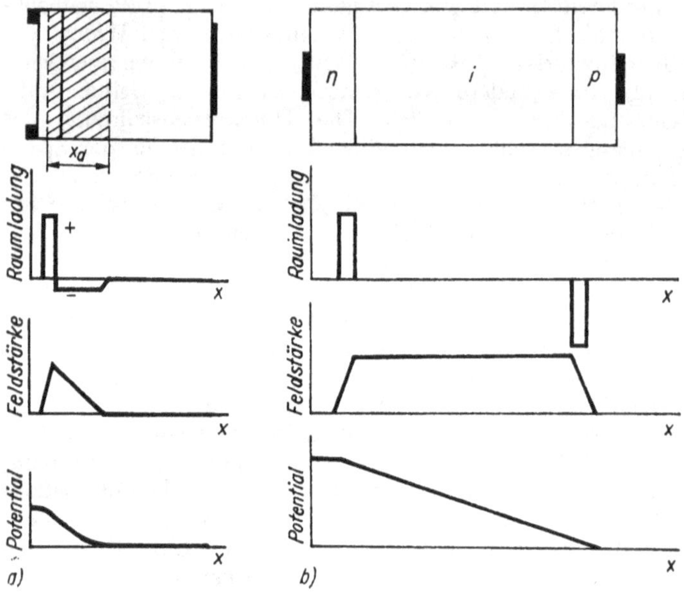

Abb. 25. Raumladungsdichte, elektrische Feldstärke und Potential (a) unsymmetrischer *p*-*n*-Übergang, (b) *p*-i-*n*-Struktur

HPGe-Detektoren. Aus hochreinem Germanium (Störstellenkonzentration $< 10^7$ mm^{-3}) lassen sich Detektoren mit breiten eigenleitenden Zonen auch ohne Lithiumdrift herstellen. Sie werden als HP-Detektoren (high purity detectors) bezeichnet. Gegenüber Ge(Li)-Detektoren besitzen sie zwei wesentliche Vorteile: Eine Kühlung mit flüssigem Stickstoff ist nur während des Betriebes erforderlich und die Wahrscheinlichkeit für das Auftreten von Strahlungsschäden ist deutlich verringert.

Halbleiterdetektoren aus binären Verbindungen. Bei der Entwicklung von Halbleiterdetektoren aus Verbindungen hoher effektiver Ordnungszahl wurden die größten Fortschritte mit HgI_2 und CdTe erzielt. Auf Grund des großen Bandabstandes können sie bei

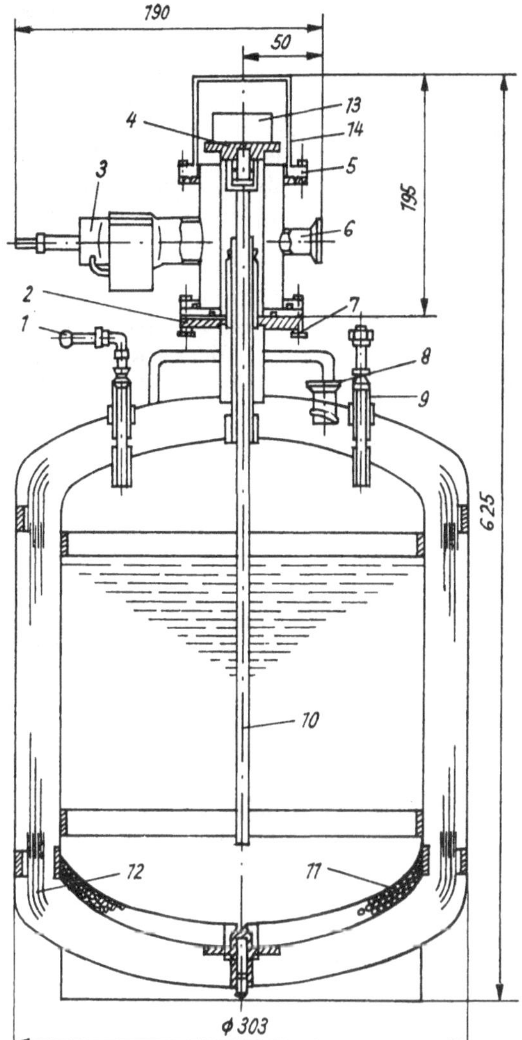

Abb. 26. Aufbau einer Ge(Li)-Detektorkühlkammer mit Kryostat für flüssigen Stickstoff (Maße in mm)
1 N_2-Einfülleitung, *2* Regulierstutzen, *3* Ionenzerstäuberpumpe, *4* Kaltfläche, *5* In-Dichtung, *6* Verschlußventil, *7* Rändelschraube, *8* Verschlußventil, *9* Durchführung für Kühlmittelstandsanzeige, *10* Cu-Wärmeleitstab, 11 Molekularsieb, *12* Isolation, *13* Ge(Li)-Detektor, *14* Detektorgehäuse (Al)

Raumtemperatur gelagert und betrieben werden. Die unvollkommene Kristallzüchtungstechnologie und die ungünstigen Ladungstransportparameter (Trägerlebensdauer, Beweglichkeit) ermöglichen jedoch vorerst nur die Herstellung kleiner Detektoren (Fläche $< 100\,mm^2$, Dicke 0,3 bis 1,5 mm), die sich insbesondere zum Nachweis niederenergetischer Photonenstrahlung eignen.

Eigenschaften von Halbleiterdetektoren

Energieproportionalität. Die Höhe der Ausgangsimpulse von Halbleiterdetektoren ist der absorbierten Strahlungsenergie proportional und hängt nicht von der Teilchenart ab. Gibt ein Teilchen seine Energie vollständig im empfindlichen Detektorvolumen ab, dann ist eine Energiebestimmung (Spektrometrie) möglich. Durchdringen dagegen Teilchen den Halbleiterkristall, so sind die Ausgangsimpulshöhen ein Maß für den differentiellen Energieverlust. Dünne Halbleiterkristalle eignen sich daher als dE/dx-Detektoren.

Energieauflösung. Die Energieauflösung von Halbleiterdetektoren übertrifft die aller anderen Strahlungsdetektoren. Sie wird charakterisiert durch die Halbwertbreite $(\Delta E)_{HWB}$ der Impulshöhenverteilung, die eine monoenergetische Strahlung definierter Energie liefert. Die Energieauflösung von Halbleiterdetektoren wird im wesentlichen durch folgende Schwankungserscheinungen beeinflußt: Schwankungen der Anzahl der erzeugten Ladungsträgerpaare, Schwankungen der Effektivität der Ladungsträgersammlung, Detektorrauschen, Verstärkerrauschen.

Zeitauflösung. Die rasche Ladungsträgersammlung führt zu kleinen Impulsanstiegszeiten (0,1 µs bis 1 ns), so daß hohe Zählgeschwindigkeiten erreichbar sind. Die Zeitauflösung wird um so besser, je kleiner die Dicke der Raumladungszone ist.

Nachweiseffektivität. Schwere geladene Teilchen (α-Teilchen, Protonen, Deuteronen) werden bereits in dünnen Kristallschichten vollständig absorbiert, so daß die Nachweiseffektivität von Halbleiterdetektoren gegenüber solchen Strahlungsarten gleich 1 gesetzt werden kann. Für energiereiche Photonenstrahlung ($E_\gamma > 1$ MeV) liegt die Nachweiseffektivität von Ge(Li)-Detektoren dagegen nur zwischen 10^{-3} und 10^{-2}. Wenn es auf die Nachweiseffektivität und weniger auf die Energieauflösung ankommt, ist daher ein Szintillationszähler mit großem NaI : Tl-Kristall einem Halbleiterdetektor vorzuziehen.

Sperrstrom. Durch den p-n-Übergang eines Halbleiterdetektors fließt auch bei Abwesenheit von Quellen ionisierender Strahlung ein elektrischer Strom in Sperrichtung. Die Hauptursachen dieses Stromes sind die thermische Erzeugung von Ladungsträgern in der Raumladungszone sowie Oberflächenverunreinigungen. Die statistischen Schwankungen des Sperrstromes beeinflussen die Energieauflösung des Detektors. Tiefe Temperaturen vermindern den Sperrstrom und dessen Schwankungen.

Nulleffekt. Gegenüber der kosmischen Strahlung und der Umgebungsstrahlung besitzen Halbleiterdetektoren wegen ihres kleinen aktiven Volumens eine relativ geringe Empfindlichkeit.

Lebensdauer. Die Nutzungsdauer von Halbleiterdetektoren wird in erster Linie durch die im empfindlichen Volumen von schweren geladenen Teilchen, schnellen Neutronen und energiereichen Photonen hervorgerufenen Strahlungsschäden bestimmt. Lithiumdriftdetektoren werden durch Neutronenfluenzen $> 10^7\,m^{-2}$ unbrauchbar.

Anwendung

Halbleiterdetektoren werden zur Messung aller Arten ionisierender Strahlung eingesetzt. Hauptanwendungsgebiet der verschiedenen Detektortypen ist die Energiespektrometrie in der Kernphysik, der angewandten Radioaktivität, der Analysenmeßtechnik und im Strahlenschutz.

Spektrometrie von Photonenstrahlung (s. 3.3.1.). Gekühlte Ge(Li)- oder HPGe-Detektoren werden für die Photonenspektrometrie im Energiebereich $E_\gamma = 10$ keV bis 10 MeV verwendet. Ihre Energieauflösung ist weitaus besser als die aller anderen Strahlungsdetektoren. Für $E_\gamma = 1{,}33$ MeV erreicht man Halbwertbreiten $(\Delta E)_{HWB} \leqq 2$ keV.

Si(Li)-Detektoren eignen sich besonders für die Spektrometrie niederenergetischer Gamma- und Röntgenstrahlung im Photonenenergiebereich $E_\gamma = 1$ keV bis 100 keV (Mössbauer-Spektrometrie, Röntgendiffraktometrie, Röntgenfluoreszenzanalyse). Als Maß für die Energieauflösung wird gewöhnlich die Halbwertbreite der Mangan-K_α-Linie angegeben, die einer Photonenenergie von 5,9 keV entspricht. Sie liegt zwischen 160 und 250 eV.

Spektrometrie von β- und Elektronenstrahlung (s. 3.3.2.). Zur Spektrometrie von β- und Elektronenstrahlung mit Energien < 2 MeV dienen vorwiegend Si(Li)-Detektoren (evtl. gekühlt). Es werden Energieauflösungen $(\Delta E)_{HWB} < 20$ keV erreicht.

Spektrometrie schwerer geladener Teilchen (s. 3.3.3.). Zur Spektrometrie von schweren Ionen (z. B. Spaltprodukte) und von α-Teilchen können sowohl Oberflächensperrschichtdetektoren als auch Siliciumdetektoren mit innerem *p-n*-Übergang benutzt werden. Die Energieauflösung von Oberflächensperrschichtdetektoren für α-Strahlung der Energie $E_\alpha = 5$ bis 8 MeV liegt im Bereich $(\Delta E)_{HWB} = 15$ bis 50 keV.

Spektrometrie von Neutronen (s. 3.3.4.). Für die Spektrometrie schneller Neutronen kommen Halbleiterdetektoren in Verbindung mit Konvertersubstanzen (^{6}LiF, Polyethylen, ^{3}He-Gasradiator) in Betracht. Es werden die Reaktionen ^{6}Li(n, α), ^{1}H(n, n) und ^{3}H(n, p) angewendet. Mit dem ^{3}He-Halbleiterspektrometer erhält man im Energiebereich von 1 bis 2 MeV Energieauflösungen von $(\Delta E)_{HWB} = 100$ bis 150 keV.

2.2. Anregungsdetektoren

Bei der Wechselwirkung ionisierender Strahlung mit Atomen und Molekülen wird nicht nur Ionisierung bewirkt, sondern es ist auch eine Anregung von Hüllenelektronen möglich. Angeregte Atome oder Moleküle kehren in der Regel nach etwa 10^{-8} s unter Emission elektromagnetischer Strahlung (Licht- oder Röntgenstrahlung) wieder in den Grundzustand zurück. Auf den in bestimmten anorganischen und organischen Verbindungen durch ionisierende Strahlung momentan ausgelösten Lichtimpulsen beruht der *Szintillationszähler*.

Gewisse Kristalle speichern dagegen einen Teil der Anregungsenergie über längere Zeiträume. Erst durch Erwärmung (Stimulierung) wird die gesamte gespeicherte Energie in Form von Lumineszenzlicht freigesetzt. Dieses Phänomen bildet die Grundlage der *Thermolumineszenzdetektoren*.

Zu den Anregungsdetektoren rechnet man gewöhnlich noch den ČERENKOV-*Zähler*, da er hinsichtlich seines Aufbaus dem Szintillationszähler ähnelt. Streng genommen beruht jedoch die Emission von ČERENKOV-Licht durch hochenergetische geladene Teilchen nicht auf der Anregung von Hüllenelektronen, sondern ist auf eine Polarisation der Atome zurückzuführen.

2.2.1. Szintillationszähler

Arbeitsweise

Der Szintillationszähler ist aus dem Spinthariskop hervorgegangen, das in den Anfängen der Kernforschung benutzt wurde. Seine Hauptbestandteile sind der *Szintillator*, in dem durch ionisierende Strahlung Lumineszenzlicht erzeugt wird, und der *Photovervielfacher* (Photo-Sekundärelektronenvervielfacher, PSEV), der diese Lichtblitze in elektrische Impulse umwandelt. Den Aufbau eines Szintillationsmeßkopfes zeigt Abb. 27.

Dringt ein ionisierendes Teilchen in den Szintillator ein, dann gibt es seine Energie teilweise ($E_{abs} < E$) oder vollständig ($E_{abs} = E$) an die Atome bzw. Moleküle der lumineszenzfähigen Substanz ab und löst Anregungs- und Ionisationsprozesse aus, die zu

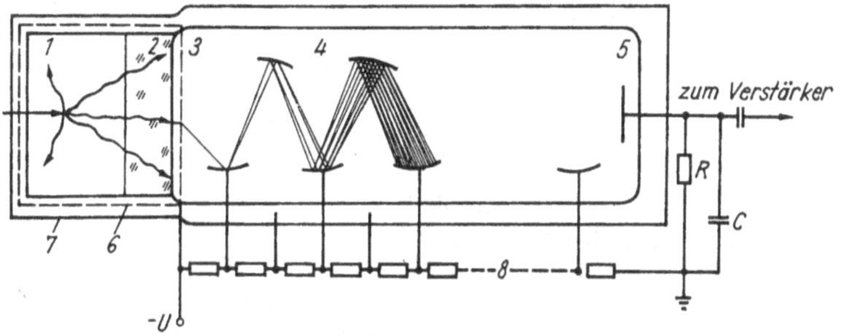

Abb. 27. Aufbau eines Szintillationszählers
1 Szintillator, *2* Lichtleiter, *3* Photokatode, *4* Dynoden, *5* Anode, *6* Reflektor, *7* Lichtdichtes Gehäuse, *8* Spannungsteiler

einem Lichtblitz führen. Die *Szintillationsausbeute* η_S charakterisiert den Bruchteil der absorbierten Strahlungsenergie, die in Lumineszenzlichtenergie umgewandelt wird. Die Dauer der Lichtblitze wird durch die *Abklingzeit* τ der Lumineszenz beschrieben. Sie ist für die Zeitauflösung des Szintillationszählers bedeutungsvoll.

Sieht man von der spektralen Verteilung des Lumineszenzlichtes ab, so ergibt sich die mittlere Energie eines Lichtquants zu

$$E_L = hf = h \frac{c_0}{\lambda_m}; \tag{2.21}$$

λ_m — Wellenlänge des Emissionsmaximums.
Der Szintillator emittiert daher

$$N_L = \eta_S \frac{E_{abs}}{E_L} = \eta_S \lambda_m \frac{E_{abs}}{hc_0} \tag{2.22}$$

Lumineszenzlichtquanten in alle Raumrichtungen. Möglichst viele davon sollen auf die Photokatode des Photovervielfachers gelangen. Aus diesem Grunde wird der Szintillator entweder direkt oder über einen Lichtleiter optisch mit dem Fenster des Photovervielfachers gekoppelt. Dünne Silikonölfilme zwischen allen Berührungsflächen dienen zur Verringerung von Reflexionsverlusten. Die Güte der optischen Kopplung wird durch den *Lichtüberführungsfaktor* k_L charakterisiert. Die auf die Photokatode treffenden $N_L k_L$ Lichtquanten lösen aus dieser durch den äußeren Photoeffekt

$$N_K = N_L k_L \eta_Q \tag{2.23}$$

Photoelektronen heraus. Dabei bezeichnet

$$\eta_Q = \frac{\text{Zahl der emittierten Photoelektronen}}{\text{Zahl der auftreffenden Lichtquanten}}$$

die *Quantenausbeute* der Photokatode. Durch ein Fokussierungssystem wird ein Bruchteil k_E (*Elektronenüberführungsfaktor*) der Photoelektronen auf die erste Prallelektrode (Dynode) des Vervielfachers gelenkt. Über einen Spannungsteiler erhalten die Dynoden eine zur Anode hin zunehmende positive Spannung. Jedes auf eine Dynode auftreffende Elektron löst aus dem Elektrodenmaterial δ Sekundärelektronen heraus. Bei n Dynodenstufen ergibt sich somit eine Vermehrung um den *Verstärkungsfaktor* δ^n. Für jedes in den Szintillator einfallende Teilchen gelangen schließlich

$$N_E = N_K k_E \delta^n \tag{2.24}$$

Elektronen an die Anode des Photovervielfachers. Das entspricht der elektrischen Ladung $Q = e_0 N_E$.

Ist die Zeitkonstante RC am Vervielfacherausgang groß gegenüber der Zeitdauer dieser Elementarprozesse, dann entsteht durch die Aufladung der Kapazität C ein Spannungsimpuls der Größe:

$$u_{\text{max}} = \frac{Q}{C} = \frac{1}{C} \frac{e_0}{hc_0} \eta_S \eta_Q k_L k_E \lambda_m \delta^n E_{\text{abs}}. \tag{2.25}$$

Für die einzelnen Faktoren sind folgende Zahlenwerte typisch:

$\eta_S \approx 0{,}1$; $\eta_Q \approx 0{,}1$; $k_L \approx 0{,}75$; $k_E \approx 1{,}0$; $\delta \approx 3$; $n = 10$ bis 14.

Die Impulse werden elektronischen Geräten zur Verstärkung, Analyse und Registrierung zugeführt. Da die maximale Spannungshöhe der absorbierten Energie proportional ist, sind Szintillationszähler zur Spektrometrie geeignet.

Szintillatoren

Als Szintillatorsubstanzen eignen sich zahlreiche Stoffe, die bei Einwirkung ionisierender Strahlung lumineszenzfähig sind. Folgende Eigenschaften sind erwünscht:

— Hohe, möglichst energieunabhängige Szintillationsausbeute,
— kurze Lumineszenzabklingzeit,
— gute Übereinstimmung des Lumineszenzspektrums mit der spektralen Empfindlichkeitsverteilung der Photokatode des Vervielfachers,
— geringe Eigenabsorption des emittierten Lumineszenzlichtes und
— große Dichte.

Die Abmessungen von Szintillatoren werden so gewählt, daß die einfallende Strahlung ihre Energie weitgehend auf das lumineszenzfähige Medium überträgt. Die Auswahl eines lumineszierenden Stoffes richtet sich nach der zu messenden Strahlung und der Aufgabenstellung. Als Szintillatoren werden verwendet:

— anorganische Kristalle und Gläser;
— organische Einkristalle, Flüssigkeiten und Plaste;
— Edelgase.

Anorganische Kristall- und Glasszintillatoren

Die wichtigsten Substanzen dieser Gruppe sind in Tab. 7 zusammengestellt. Anorganische Stoffe lumineszieren nur im kristallinen Zustand.

Viele Verbindungen erlangen erst durch den Einbau von Fremdatomen (Aktivatoren) oder durch Gitterbaufehler ihre Lumineszenzfähigkeit. Die meisten anorganischen Szintillatoren gehören zu den Alkalihalogenid- oder ZnS-Phosphoren.

Am häufigsten wird das mit Thallium aktivierte NaI verwendet. Es ist ebenso wie das seltener benutzte CsI : Tl aufgrund seiner hohen Dichte besonders für den Nachweis und die Spektrometrie von Röntgen- und γ-Strahlung geeignet.

LiI : Eu-Szintillatoren und Li-haltige Gläser werden wegen des großen Wirkungsquerschnittes der Reaktion (1.71) zum Nachweis langsamer Neutronen eingesetzt.

Dünne Schichten aus silberaktiviertem ZnS dienen zur Zählung und Spektrometrie schwerer geladener Teilchen (α-Teilchen, Protonen, Deuteronen). Mit Suspensionen von ZnS : Ag-Kristallkörnern in transparenten wasserstoffhaltigen Kunststoffen (Hornyak-Szintillator) werden schnelle Neutronen gemessen.

Tabelle 7. Anorganische Kristall- und Glasszintillatoren

Szintillator	Dichte ϱ kg/m³	effektive Ordnungszahl Z_{eff}	Emissionsmaximum λ_m nm	Abklingzeit τ ns	Brechzahl n	Szintillationsausbeute relativ zu Anthracen
NaI : Tl	3670	50	410	250	1,70	2,0
CsI : Tl	4510	54	420—540	550	1,79	1,5
LiI : Eu	4060	52	440	1400	1,95	0,7
$Bi_4Ge_3O_{12}$(BGO)	7130	72	485	300		0,2
BaF_2	4830	51	225	0,6		0,2
ZnS : Ag	4100	27	440	3000	2,40	2,0
$CaWO_4$	6060	59	430	4000	1,92	1,0
Bor-Glas	2370	23	400	43		0,07
Lithium-Glas	2630	18	390	52	1,55	0,15

Tabelle 8. Organische Kristallszintillatoren

Szintillator	Dichte ϱ kg/m³	effektive Ordnungszahl Z_{eff}	Emissionsmaximum λ_m nm	Abklingzeit τ ns	Brechzahl n	Szintillationsausbeute relativ zu Anthracen
Anthracen	1250	5,8	445	25	1,59	1,00
Naphthalen	1150	5,8	345	7,5	1,58	0,15
trans-Stilben	1160	5,7	410	7	1,62	0,73
p-Terphenyl	1120	5,8	415	12		0,55
Tolan (Diphenylethin)	1180	5,8	390	7		0,26—0,92

Organische Kristallszintillatoren

Die Lumineszenz organischer Verbindungen ist eine Moleküleigenschaft und mit dem Vorhandensein konjugierter Doppelbindungen verbunden. Organische Kristalle zeichnen sich gegenüber anorganischen Szintillatoren insbesondere durch wesentlich kleinere Abklingzeiten aus (Tab. 8). Sie werden bevorzugt für den Nachweis und die Spektrometrie von β-Strahlung eingesetzt. Der wichtigste Vertreter dieser Gruppe ist das Anthracen. Wie Abb. 28

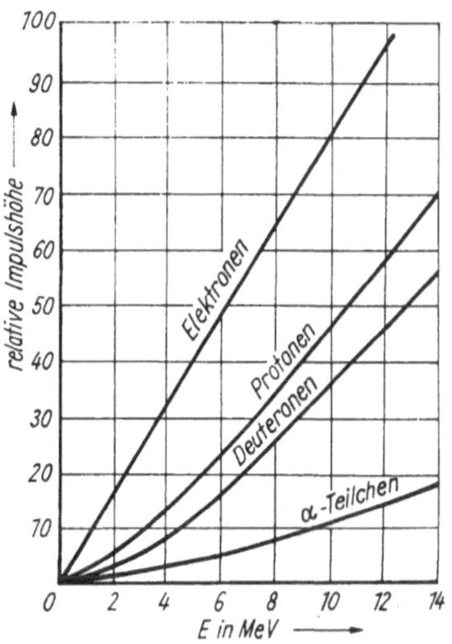

Abb. 28. Impulshöhe in Abhängigkeit von Teilchenenergie und Teilchenart (Anthracenkristall)

zeigt, wächst bei diesem Szintillator allerdings nur die Höhe der durch Elektronen ausgelösten Impulse linear mit der Teilchenenergie.

Organische Flüssigkeits- und Plastszintillatoren

Das Lumineszenzvermögen organischer Verbindungen bleibt auch im gelösten Zustand erhalten. Es lassen sich daher leicht Szintillatoren beliebiger Form und Größe herstellen. Die Lumineszenzmechanismen in Flüssigkeitsszintillatoren und Plastszintillatoren (feste Lösungen) unterscheiden sich nicht. Lösungsszintillatoren enthalten in einer farblosen Flüssigkeit (Toluen, Xylen) oder in einem transparenten Kunststoff (Polyvinyltoluen, Polystyren) geringe Mengen lumineszierender Verbindungen

(Tab. 9). Oft werden zwei verschiedene Szintillatorsubstanzen gelöst. Die gut lösliche Hauptkomponente wird als *Primärszintillator* bezeichnet. Sie emittiert gewöhnlich an der Grenze zum UV-Bereich. Die Anpassung an die spektrale Empfindlichkeitscharakteristik blauempfindlicher Photovervielfacher verbessert sich durch Zusatz von Spuren einer zweiten lumineszierenden Verbindung. Durch diesen *Sekundärszintillator* (wave lenght shifter) wird das Emissionsspektrum nach längeren Wellenlängen verschoben.

Bewährte Primärszintillatoren sind:

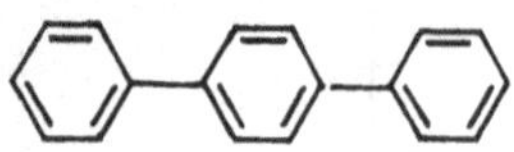

p-Terphenyl
Kurzbezeichnung: $\varnothing_3$

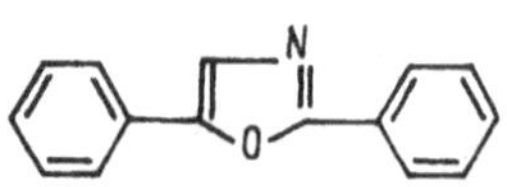

2,5-Diphenyloxazol
Kurzbezeichnung: PPO

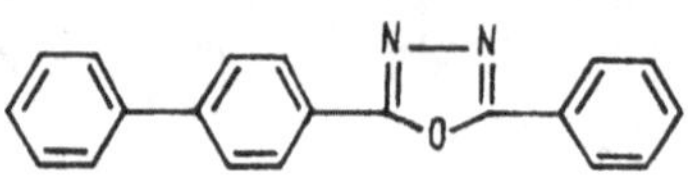

2-(Biphenyl-4-yl)-5-phenyl-1,3,4-oxadiazol
Kurzbezeichnung: PBD

Als Sekundärszintillator wird die Verbindung

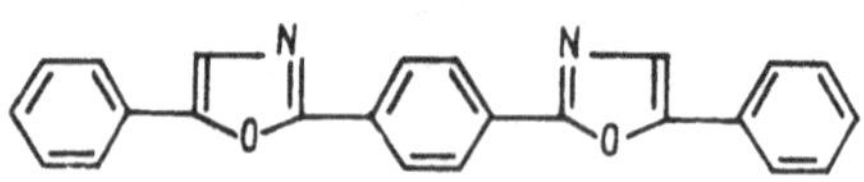

1,4-Bis(5-phenyloxazol-2-yl)-benzen
Kurzbezeichnung: POPOP

verwendet (Tab. 9).

Zur Herstellung organischer Flüssigkeits- und Plastszintillatoren sind hochreine Szintillatorsubstanzen und Lösungsmittel erforderlich. Durch geringe Mengen von Fremdstoffen wird die Lumineszenz oft beträchtlich geschwächt (Lumineszenzlöschung).

Organische Lösungsszintillatoren dienen vornehmlich zum Nachweis von β-Strahlung. Durch Zufügen von Bor- oder Lithium-

Tabelle 9

Organische Flüssigkeits- und Plastszintillatoren

Szintillator	Lösungsmittel	optimale Konzentration g/l	Dichte ϱ kg/m³	Emissionsmaximum λ_m nm	Abklingzeit τ ns	Szintillationsausbeute relativ zu Anthracen
$Ø_3$	Xylen	5	870	360	$\leqq 3$	0,50
PPO	Xylen	5	870	380	$\leqq 3$	0,50
$Ø_3$ + POPOP	Toluen	4/0,1	870	430	$\leqq 3$	0,61
PBD	Xylen	10	870	361	$\leqq 3$	0,70
$Ø_3$ + POPOP	Polyvinyltoluen	36/1	1040	430	2,7	0,51

verbindungen lassen sie sich auch für den Nachweis langsamer Neutronen einsetzen. Infolge des hohen Wasserstoffgehaltes sprechen organische Szintillatoren stets auf schnelle Neutronen an.

Das Hauptanwendungsgebiet organischer Flüssigkeitsszintillatoren ist die Zählung der energiearmen β-Strahlung der Nuklide $^{3}_{1}H$, $^{14}_{6}C$ und $^{35}_{16}S$. Um Absorptionsverluste zu vermeiden, werden die Proben direkt in die Szintillatorlösung eingebracht. Häufig müssen wäßrige Lösungen gemessen werden, die nicht mit dem Flüssigkeitsszintillator mischbar sind. Man setzt daher dem Szintillator Dioxan oder Gele zu, die Wasser aufnehmen. Auch unlösliche radioaktive Proben lassen sich mit Emulgatoren in Emulsionen oder mit Gelbildnern in Suspensionen überführen.

Gasszintillatoren

Die Edelgase Helium, Argon, Krypton und Xenon können auch als Szintillatoren benutzt werden. Ihre Abklingzeiten sind vom Druck abhängig und liegen in der Größenordnung einiger Nanosekunden. Die von Edelgasen emittierte ultraviolette Lichtstrahlung wird mit Wellenlängenwandlern in den sichtbaren Bereich verschoben. Man beschichtet deshalb die Wände der Gaskammern oder die Fensterflächen der Photovervielfacher mit geeigneten organischen Verbindungen. Die Szintillationsausbeute von Gasen ist zwar geringer als die fester oder flüssiger Systeme, zwischen der Impulshöhe und der Teilchenenergie besteht aber in einem weiten Bereich gute Linearität. Gasszintillatoren sind besonders zur Spektrometrie schwerer geladener Teilchen (Deuteronen, α-Teilchen, Spaltbruchstücke) geeignet.

Eigenschaften von Szintillationszählern

Charakteristik. Ähnlich wie das GEIGER-MÜLLER-Zählrohr besitzt auch der Szintillationszähler eine Zählcharakteristik mit einem Plateau von einigen hundert Volt Länge. Wenn bei konstanter Diskriminatorspannung alle Impulshöhen die Ansprechschwelle des elektronischen Zählgerätes übertreffen, wird der Anfang des Plateaus erreicht. Am Plateauende wächst die Impulsrate infolge des thermischen Rauschens stark an.

Nulleffekt. Der Nulleffekt eines Szintillationszählers ist auf äußere Strahlungsquellen (kosmische Strahlung, Umgebungsradioaktivität) und das thermische Rauschen des Photovervielfachers zurückzuführen. Durch günstige Wahl der Diskriminatorspannung und der Szintillatorgröße sowie eine Bleiabschirmung des Meßkopfes läßt sich der strahleninduzierte Anteil des Nulleffektes herabdrücken.

Auch ohne Einwirkung von Licht emittiert die Photokatode Elektronen. Dieser thermisch angeregte Strom befolgt das RICHARDSONsche Gesetz

$$I = KAT^2 \exp\left(-\frac{W_a}{kT}\right); \tag{2.26}$$

K — Konstante, A — emittierende Oberfläche, T — Temperatur, k — BOLTZMANN-Konstante, W_a — Elektronenaustrittsarbeit.

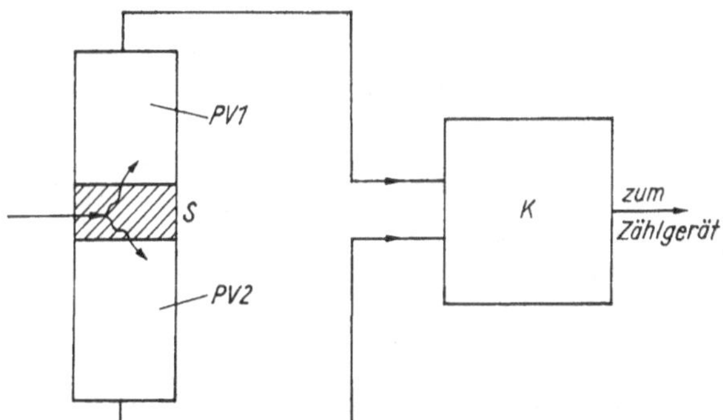

Abb. 29. Zweifachkoinzidenz zur Unterdrückung des thermischen Nulleffektes
S Szintillator, PV Photovervielfacher, K Koinzidenzstufe

Die thermisch aus der Photokatode befreiten Elektronen werden vom Dynodensystem vervielfacht und liefern am Vervielfacherausgang Impulse des thermischen Nulleffektes (Rauschimpulse). Bei hinreichender Größe der Nutzimpulse kann man die kleinen Rauschimpulse leicht mit einem Diskriminator unterdrücken. Die thermische Emission der Photokatode läßt sich auch durch Kühlung herabsetzen. Als besonders wirksam erweist sich die Verwendung einer Koinzidenzschaltung (Abb. 29). Die vom Szintillator emittierten Lichtblitze treffen auf die Photokatoden zweier Vervielfacher. Von der Koinzidenzstufe werden nur solche Impulse an den Zähler weitergeleitet, die gleichzeitig von beiden Photovervielfachern kommen. Auf diese Weise werden im wesentlichen nur die Nutzimpulse erfaßt, weil die Wahrscheinlichkeit für das gleichzeitige Eintreffen von Rauschimpulsen aus beiden Photovervielfachern gering ist.

Zeitauflösung. Die Zeitauflösung des Szintillationszählers wird maßgeblich durch die Abklingzeit des Szintillators (10^{-6} bis 10^{-9} s) und die Laufzeit der Elektronenkaskade im Photovervielfacher ($\approx 10^{-9}$ s) bestimmt. Infolge der Kürze dieser Zeiten übertrifft das zeitliche Auflösungsvermögen von Szintillationszählern das von Zählrohren um Größenordnungen. Mit Szintillationszählern können Impulsraten bis $\approx 10^7$ s^{-1} verlustlos erfaßt werden.

Energieauflösung. Das energetische Auflösungsvermögen eines Szintillationszählers wird durch die statistische Schwankung der Zahl der ausgelösten Photoelektronen, die Schwankung des Vervielfachungsprozesses, die ungleichmäßige Empfindlichkeit der Photokatode und die unterschiedliche Lichtsammlung im Szintillator begrenzt. Die hohe Auflösung von Halbleiterdetektoren wird generell nicht erreicht. Ein guter NaI : Tl-Szintillationszähler liefert für $^{137}_{55}$Cs/$^{137}_{56}$Ba^{m}-γ-Strahlung ($E_\gamma = 661$ keV) bestenfalls eine Energieauflösung von $(\Delta E)_{HWB} \approx 50$ keV (s. 3.3.1.). Bei kleinen Photonenenergien ($E_\gamma < 30$ keV) wird der Szintillationszähler hinsichtlich der Energieauflösung auch vom Proportionalzählrohr übertroffen.

Nachweiseffektivität. Für geladene Teilchen ist die Nachweiseffektivität des Szintillationszählers praktisch gleich 1. Da sich große empfindliche Volumina aus Szintillatorsubstanzen hoher Dichte und großer effektiver Ordnungszahl herstellen lassen, werden auch für energiereiche Röntgen- und γ-Strahlung Nachweiseffektivitäten $\geqq 0{,}5$ erreicht. Darin besteht ein Vorteil des Szintillationszählers gegenüber den meisten anderen Strahlungsdetektoren.

Anwendung

Neben dem Geiger-Müller-Zählrohr ist der Szintillationszähler zweifellos der am häufigsten verwendete Strahlungsdetektor. Durch Auswechseln des Szintillators kann mit ein und derselben Meßanordnung jede Strahlungsart nachgewiesen werden. Gegenüber dem Zählrohr und der Ionisationskammer sind die hohe Nachweiseffektivität und die große Zeitauflösung von besonderem Vorteil. Szintillationszähler werden oft zur Spektrometrie von Photonenstrahlung eingesetzt, wenn eine mittelmäßige Energieauflösung ausreicht. Hauptanwendungsgebiete des Szintillationszählers sind die Nuklearmedizin (Szintiscanner, Gammakamera), die Strahlenschutzmeßtechnik sowie die radiochemische Analytik.

2.2.2. Čerenkov-*Zähler*

Arbeitsweise

Energiereiche geladene Teilchen können auch durch das von ihnen in durchsichtigen Medien erzeugte Čerenkov-Licht nachgewiesen werden (s. 1.4.1.). Prinzipiell ist der Čerenkov-*Zähler* ähnlich wie ein Szintillationszähler aufgebaut (Abb. 30). Falls die

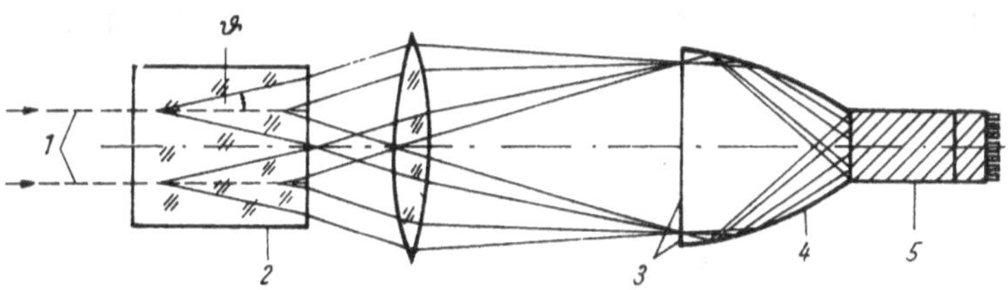

Abb. 30. Aufbau eines fokussierenden Čerenkov-Zählers (schematisch)
1 Strahlung, *2* Radiator, *3* Linse, *4* Ringblende, *5* Reflektor, *6* Photovervielfacher

Tabelle 10

Radiatormaterialien für Čerenkov-Zähler

Stoff	Brechzahl*) n	Stoff	Brechzahl*) n
Wasser	1,340	Benzen	1,523
Ethanol	1,370	Bleiglas	1,700
Quarzglas	1,467	Luft	1,000295
PMMA (Polymethylmethacrylat)	1,510	Kohlendioxid	1,000421

*) (436 nm, 20 °C, 101,3 kPa)

Čerenkov-Bedingung (1.53) erfüllt ist, entstehen beim Teilchendurchgang im Radiator Lichtblitze, die mittels eines Photovervielfachers nachgewiesen werden. Als Radiatorsubstanzen (Tab. 10) eignen sich alle optisch durchsichtigen Stoffe, die zwischen 300 und 400 nm nicht absorbieren und im längerwelligen Bereich (> 300 nm) keine Lumineszenz aufweisen. Bevorzugt werden feste Stoffe und Flüssigkeiten mit großer Brechzahl verwendet. Für spezielle Aufgaben benutzt man auch gasförmige Radiatoren.

Da die Lichtausbeute des ČERENKOV-Effektes merklich unter der von Szintillatoren liegt, erhält man am Ausgang des Photovervielfachers Impulse geringer Größe, die sich nur wenig von Rauschimpulsen unterscheiden. Häufig wendet man daher die bereits beim Szintillationszähler (Abb. 29) beschriebene Koinzidenzmethode zur Reduzierung des thermischen Nulleffektes an.

Mit dem ČERENKOV-Zähler kann man nicht nur Teilchen zählen, sondern auch die Teilchengeschwindigkeit ermitteln, wenn der Emissionswinkel ϑ des ČERENKOV-Lichtes und die Brechzahl n des Radiatormediums bekannt sind.

Zählerarten

ČERENKOV-*Zähler*. Beim einfachen ČERENKOV-Zähler wird der mit einem Reflektor versehene Radiator ohne Zwischenschaltung eines fokussierenden Linsensystems unmittelbar mit der Photokatode des Vervielfachers gekoppelt. Auf einen massiven Lichtleiter muß man verzichten, weil dieser selbst als Radiator wirken würde. Insbesondere bei der Verwendung flüssiger Medien lassen sich Radiatoren beliebiger Größe herstellen. Mit dem einfachen ČERENKOV-Zähler können alle geladenen Teilchen registriert werden, die der ČERENKOV-Beziehung (1.53) gehorchen. Hochenergetische Photonenstrahlung wird über die ČERENKOV-Strahlung der durch Paarbildung erzeugten Elektronen und Positronen nachgewiesen. Der ČERENKOV-Zähler übertrifft den Szintillationszähler insbesondere hinsichtlich seiner außerordentlich hohen Zeitauflösung von etwa 0,1 ns.

Schwellen-ČERENKOV-*Zähler*. In einer gegebenen Radiatorsubstanz setzt der ČERENKOV-Effekt erst oberhalb einer bestimmten Minimalgeschwindigkeit $v_{\min}$ ein. Diese Geschwindigkeitsschwelle ist nach (1.53) gegeben durch ($\vartheta = 0$)

$$v_{\min} = \frac{c_0}{n}. \tag{2.27}$$

Teilchen mit Geschwindigkeiten $v < v_{\min}$ werden nicht registriert. Durch (2.27) wird für Teilchen unterschiedlicher Masse eine Schwellwertenergie festgelegt, unterhalb der keine ČERENKOV-Strahlung entsteht. In Wasser ($n = 1{,}340$) liegt diese Energieschwelle für Elektronen bei 260 keV und für Protonen bei 475 MeV. Durch geeignete Wahl der Radiatorsubstanz (Brechzahl n) lassen sich Zähler aufbauen, die nur auf Teilchen mit Geschwindigkeiten und Energien oberhalb bestimmter Grenzwerte ansprechen. Anordnungen mit mehreren Ansprechschwellen entstehen durch Kombination verschiedener Radiatoren.

Differentielle ČERENKOV-*Zähler*. Differentielle ČERENKOV-Zähler werden als fokussierende Systeme aufgebaut. Bei einem zylindrischen Radiator, der von Luft umgeben ist, gelangt nur dann Licht auf die Photokatode des Vervielfachers, wenn die Bedingung für die Totalreflexion am Radiatorrand erfüllt ist. Der maximale Emissionswinkel ist gegeben durch

$$\sin \vartheta_{\text{max}} = \frac{1}{n}. \tag{2.28}$$

Mit

$$\cos \vartheta = \sqrt{1 - \sin^2 \vartheta} = \frac{c_0}{nv} \tag{2.29}$$

wird daher auch eine maximale Teilchengeschwindigkeit

$$v_{\text{max}} = \frac{c_0}{\sqrt{n^2 - 1}} \tag{2.30}$$

festgelegt. Mit einem fokussierenden ČERENKOV-Zähler können deshalb nur Teilchen im Geschwindigkeitsbereich

$$\Delta v = v_{\text{max}} - v_{\text{min}} = c_0 \left(\frac{1}{\sqrt{n^2 - 1}} - \frac{1}{n} \right) \tag{2.31}$$

nachgewiesen werden. Durch Wahl verschiedener Radiatorsubstanzen läßt sich dieses „Geschwindigkeitsfenster“ verschieben, so daß man Teilchen aus bestimmten Energiebereichen aussortieren kann.

Anwendung

Neben speziellen Anwendungen in der kernphysikalischen Forschung werden ČERENKOV-Zähler zunehmend zur Messung radioaktiver Lösungen eingesetzt. Energiereiche α- und β-Strahlung kann mit Geräten für die Flüssigkeitsszintillationszählung auch ohne Verwendung von Szintillatorsubstanzen durch Messung des ČERENKOV-Lichtes nachgewiesen werden. Die Nachweiseffektivität ist von der maximalen Teilchenenergie abhängig. Sie beträgt bei 1 MeV etwa 3 bis 5% und steigt annähernd linear auf 75% bei 3,5 MeV. Der wesentliche Vorteil des ČERENKOV-Zählers gegenüber der Flüssigkeitsszintillationszählung besteht in der freizügigen

Wahl der Lösungsmittel. Da Lumineszenzlöscheffekte keine Rolle spielen, können alle Lösungsmittel und ungefärbten Lösungen verwendet werden, die für das kurzwellige ČERENKOV-Licht durchlässig sind.

In der Hochenergiephysik dienen ČERENKOV-Anordnungen (Schauer-Detektor) mit großen Bleiglasradiatoren zur Messung der Gesamtenergie von Elektronen-Photonen-Schauern.

2.2.3. *Thermolumineszenzdetektoren*

Thermolumineszenz

Thermolumineszenzsonden sind integrierende Strahlungsdetektoren. Sie beruhen auf der Eigenschaft einiger mit Fremdatomen dotierter anorganischer Stoffe, sogenannter *Speicherphosphore*, nach Anregung mit ionisierender Strahlung einen Teil der zugeführten Energie zu speichern und bei Erwärmung in Form von Licht wieder auszusenden. Zur Erklärung der Thermolumineszenz werden einfache elektronenkinetische Modelle verwendet, die vom Energiebändermodell des Festkörpers ausgehen (Abb. 31). Zwi-

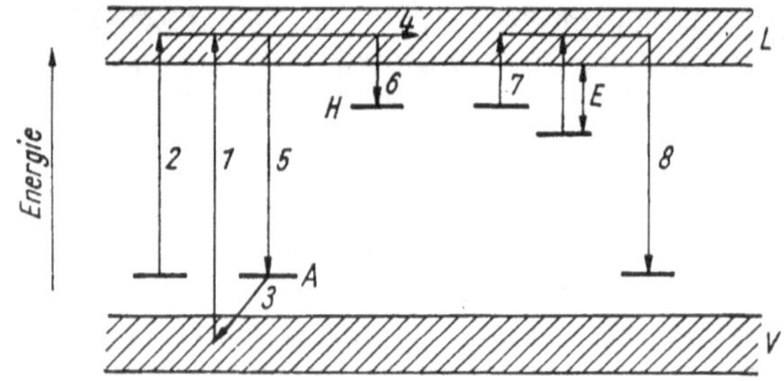

Abb. 31. Energieniveauschema zur Erklärung der Thermolumineszenz

schen dem Leitungsband L und dem Valenzband V eines Kristalls befinden sich die diskreten Energieniveaus der Haftstellen H (Elektronenakzeptoren) und der Aktivatoren A (Elektronendonatoren). Durch Einwirkung ionisierender Strahlung werden Elektronen aus dem Valenzband bzw. den Aktivatorniveaus in das Leitungsband gehoben (Prozesse 1 und 2). Ein im Valenzband entstehendes Defektelektron fängt im allgemeinen ein Elektron aus A ein (Prozeß 3). Die in das Leitungsband gebrachten Elektronen können sich entweder frei bewegen (Prozeß 4) oder unter

Aussendung momentaner Lumineszenzstrahlung in einen unbesetzten Aktivatorterm übergehen (Prozeß 5). Für das Thermolumineszenzvermögen sind solche Elektronen maßgebend, die in Haftstellen fallen und dort verweilen (Prozeß 6). Die mittlere Verweilzeit τ der Elektronen in den Haftstellen ist von der Energiedifferenz E zwischen Haftniveau und Leitungsband sowie von der Temperatur T abhängig. Es gilt:

$$\tau = \frac{1}{\alpha_0} e^{\frac{E}{kT}}, \tag{2.32}$$

α_0 — Frequenzfaktor, k — BOLTZMANN-Konstante.

Für Strahlungsmessungen sind nur solche Speicherphosphore geeignet, bei denen die mittlere Lebensdauer der Haftelektronen bei Zimmertemperatur mindestens in der Größenordnung eines Jahres liegt. Durch Zufuhr thermischer Stimulierungsenergie werden die Haftstellen entleert (Prozeß 7) und können mit Defektelektronen in den Aktivatortermen unter Aussendung von Thermolumineszenzlicht rekombinieren. Das beim Ausheizprozeß emittierte Licht dient als Maß für die *Energiedosis*.

Auswertung

Wird der Verlauf des Lichtstromes Φ_{TL} beim Aufheizen eines bestrahlten Speicherphosphors als Funktion der Temperatur T aufgezeichnet, so erhält man die sogenannte *Glowkurve* $\Phi_{TL} = \Phi_{TL}(T)$, die bei bestimmten Temperaturen T_{mi} $(i = 1, 2 \ldots)$ Maxima $\Phi_{TL}(T_{mi})$ besitzt. Typische Glowkurven verschiedener Speicherphosphore zeigt Abb. 32. Ein Meßplatz zur Auswertung von Thermolumineszenzdetektoren besteht aus einem steuerbaren Heizer zur Aufheizung der bestrahlten Proben, einem empfindlichen Photovervielfacher zur Umwandlung des Thermolumineszenzlichtstromes in einen elektrischen Strom sowie einem elektronischen Teil einschließlich Registriergeräten (Verstärker, Analog-Digital-Wandler, Impulszähler mit Drucker, Schreiber). Es wird entweder der Maximalwert des Lichtstromes $\Phi_{TL}(T_{mi})$ des intensivsten Glowmaximums (Glowpeakmessung) oder das gesamte vom Speicherphosphor emittierte Lumineszenzlicht (Lichtsummenmessung)

$$Q_{TL} = \int_{T_A}^{T_E} \Phi_{TL}(T)\, dT, \tag{2.33}$$

T_A, T_E — Anfangs- und Endtemperatur

gemessen. Thermolumineszenzdetektoren können oft wiederverwendet werden, wenn man sie zur Herstellung der ursprünglichen Empfindlichkeit nach jeder Bestrahlung und Auswertung thermisch regeneriert. In modernen Auswertegeräten unterwirft man

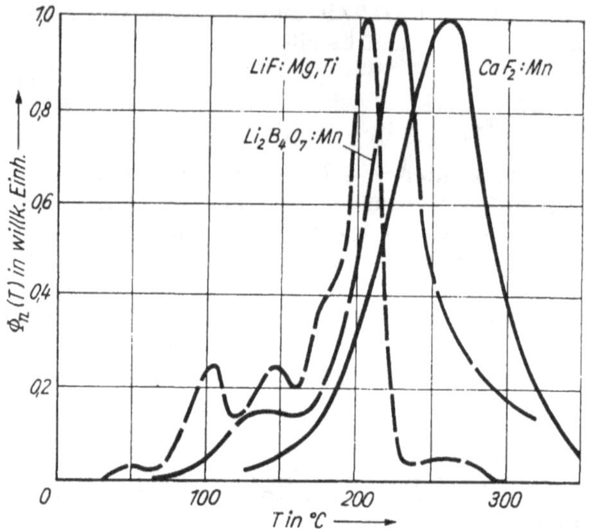

Abb. 32. Thermolumineszenz-Glowkurven einiger Speicherphosphore

die Detektoren daher einem Heizzyklus, der die Ausheizung instabiler Glowmaxima, die Auswertung des Hauptmaximums sowie die thermische Regenerierung beinhaltet (Abb. 33).

Detektorsubstanzen und ihre Eigenschaften

Detektorsubstanzen. Die wichtigsten Detektorsubstanzen sind in Tab. 11 zusammengestellt. Thermolumineszenzdetektoren werden bevorzugt in Form fester Meßsonden benutzt, wie sie durch Einlagerung des Leuchtstoffpulvers in wärmebeständige Stoffe (Teflon, Silikonkautschuk) oder durch Sintern der gepreßten Substanzen entstehen. Wegen der günstigen physikalischen Eigenschaften hat LiF : Mg,Ti die größte praktische Bedeutung erlangt. Es wird besonders zur Messung von Röntgen-, γ- und Elektronenstrahlung eingesetzt. Zum Neutronennachweis wird neben LiF mit der natürlichen Isotopenzusammensetzung des Lithiums auch ^{7}LiF und ^{6}LiF verwendet. ^{7}LiF ist gegenüber thermischen Neutronen weitgehend unempfindlich. In gemischten n,γ-Feldern erlauben Differenzmessungen mit ^{7}LiF und ^{6}LiF die Trennung der Energiedosisanteile von Photonen- und thermischer Neutronenstrahlung. Zur Messung schneller Neutronen vermischt

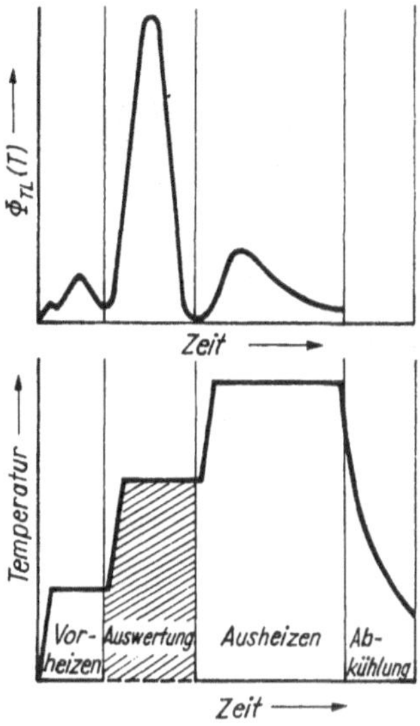

Abb. 33. Programmierter Ausheizzyklus in einem Auswertegerät für Thermolumineszenzdetektoren

man Speicherphosphore mit temperaturbeständigen, wasserstoffhaltigen Verbindungen oder umgibt sie mit Moderatorkugeln aus Polyethylen.

Energiedosischarakteristik. Die Energiedosischarakteristik eines Speicherphosphors stellt die Abhängigkeit der Meßgrößen Q_{TL} oder $\Phi_{TL}(T_{mi})$ von der Energiedosis dar. Der Kurvenverlauf wird durch die Thermolumineszenzausbeute bestimmt:

$$\eta_{TL} = \frac{W_{TL}}{mD}; \tag{2.34}$$

W_{TL} — Energie des vom Detektor der Masse m emittierten Thermolumineszenzlichtes, D — Energiedosis.

Ein linearer Zusammenhang zwischen Thermolumineszenz und Energiedosis besteht im Energiedosisbereich, in dem η_{TL} konstant

Tabelle 11

Eigenschaften einiger Speicherphosphore für die Thermolumineszenzdosimetrie (TLD)

Speicherphosphor	Dichte ϱ kg/m³	effektive Ordnungszahl Z_{eff}	ε_{max}*)	Hauptpeaktemperatur T_{mi} °C	Emissionsmaximum λ_m nm	Energiedosismeßbereich Gy	Fading bei Zimmertemperatur
LiF : Mg, Ti	2600	8,2	1,35	210	400	10^{-5} bis 10^3	3%/Monat
CaF_2 : Mn	3180	16,3	14,5	240	520	10^{-} bis 10^3	10%/Monat
$Li_2B_4O_7$: Mn	2300	7,4	0,8	230	600	10^{-3} bis 10^4	10%/Monat
$CaSO_4$: Dy	2960	15,3	12	220	450	10^{-5} bis 10^3	5%/Monat
BeO : Na	3010	7,5	0,9	180	400	10^{-3} bis 10^3	5%/Monat

*) Maximalwert der Photonenenergieabhängigkeit, bezogen auf Luft

Anmerkung: Die Dosischarakteristiken einiger Speicherphosphore zeigen oberhalb bestimmter Energiedosiswerte (für LiF: Mg, Ti bei $D > 3$ Gy) einen supralinearen Verlauf. Das Auftreten der Supralinearität wird auf die Bildung von Strahlungsdefekten zurückgeführt.

ist (Tab. 11). Es gilt dann

$$Q_{TL} = k_Q \eta_{TL} D \quad \text{bzw.} \quad \Phi_{TL}(T_{mi}) = k_\Phi \eta_{TL} D\,; \tag{2.35}$$

k_Q, k_Φ — Proportionalitätsfaktoren.

Photonenenergieabhängigkeit. Da Thermolumineszenzdetektoren oft zur Photonendosimetrie verwendet werden, ist die Energieabhängigkeit ihrer Anzeige ein wichtiges Merkmal. Sie wird durch das Verhältnis

$$\varepsilon = \left(\frac{M}{D_M}\right)_{E_\gamma} : \left(\frac{M}{D_M}\right)_{1{,}25\,\mathrm{MeV}} \tag{2.36}$$

charakterisiert. M ist der Meßwert, D_M die in einer Bezugssubstanz (Luft, biologisches Gewebe) erzeugte Energiedosis, in die der Thermolumineszenzdetektor zur Messung gebracht wird. Die Energieabhängigkeit der Anzeige kommt hauptsächlich durch die unterschiedliche Energieabhängigkeit der Wechselwirkungskoeffizienten von Bezugs- und Detektorsubstanz zustande. Der Maximalwert ε_{max} der Energieabhängigkeit liegt zwischen 20 und 30 keV. Oberhalb 100 keV ist die Anzeige weitgehend energieunabhängig ($\varepsilon \approx 1$). Auf Grund der niedrigen effektiven Ordnungszahl ist die Energieabhängigkeit der Anzeige einiger Speicherphosphore (LiF, $Li_2B_4O_7$, BeO) viel geringer als die anderer Strahlungsdetektoren.

Fading. Für die praktische Anwendung von Speicherphosphoren ist die Selbstentleerung (Fading) der besetzten Haftniveaus während der Lagerungszeit zwischen Anregung und Auswertung von großer Bedeutung. Fading und Glowverteilung stehen in enger Beziehung. Der Fadingeffekt fällt um so weniger ins Gewicht, bei je höheren Temperaturen die zur Auswertung verwendeten Glowmaxima liegen (Tab. 11).

Anwendung

Thermolumineszenzdetektoren werden bevorzugt für Energiedosismessungen eingesetzt. Ihre entscheidenden Vorteile sind durch das kleine Detektorvolumen (einige mm^3), die hohe Empfindlichkeit, den großen linearen Meßbereich und die geringe Photonenenergieabhängigkeit gegeben. Die Energiedosisanzeige ist bis 10^9 Gy/s von der Energiedosisleistung unabhängig. Das Fehlen elektrischer Versorgungsleitungen begünstigt ihre Verwendung für viele Meßaufgaben. Die Hauptanwendungsgebiete von Thermolumineszenzdetektoren sind die Personendosimetrie im Strahlenschutz, die klinische Dosimetrie bei der Strahlenbehandlung bösartiger Tumoren und die Umgebungsdosimetrie zur Überwachung kerntechnischer Anlagen.

2.3. Weitere Strahlungsdetektoren

2.3.1. Photographische Emulsionen

Schwärzung

Photographische Emulsionen gehören zu den am längsten bekannten Strahlungsdetektoren. Sie wurden schon frühzeitig zum quantitativen Nachweis von Röntgenstrahlung benutzt. Mit ihrer Hilfe glückte die Entdeckung der Radioaktivität.

Ionisierende Strahlung bewirkt in Photoemulsionen die gleichen Elementarprozesse wie sichtbares Licht. Photographische Emulsionen enthalten in einer Gelatineschicht feinst verteilte Silberhalogenidkristalle (AgBr, AgCl). Durch strahleninduzierte Anregungs- und Ionisationsprozesse werden einzelne Silberionen in Keime entwickelbarer Silberatome (latentes Bild) umgewandelt. Sie wachsen beim Entwickeln mit einer reduzierenden Lösung zu makroskopisch sichtbaren Schwärzungskörnern aus metallischem Silber an. Alle nicht umgewandelten Silberhalogenidkriställchen werden beim Fixieren aus der Emulsion entfernt. Die Anzahl der gebildeten Silberkörner und ihre Größe bestimmen die *Schwärzung* S der photographischen Schicht. Sie wird photometrisch mit dem Densitometer gemessen und ist definiert als dekadischer Logarithmus der reziproken Transparenz $T = \Phi/\Phi_0$:

$$S = \lg \frac{1}{T} = \lg \frac{\Phi_0}{\Phi}; \tag{2.37}$$

Φ_0 — auf die geschwärzte Fläche auffallender Lichtstrom, Φ — von ihr hindurchgelassener Lichtstrom.

Nicht exponierte Silberhalogenidkristalle, die bei der Entwicklung jedoch umgewandelt wurden, verursachen den *Grundschleier* (Schwärzung S_0) der Emulsion. Die Nettoschwärzung ist daher durch $S - S_0$ gegeben. Meßbare Schwärzungen liegen im Bereich zwischen 0,1 und 6.

Für die photographische Messung ionisierender Strahlung ist die Gültigkeit des sogenannten *Reziprozitätsgesetzes* (BUNSEN-ROSCOE) von Bedeutung. Danach ist die erzielte Schwärzung dem

Produkt von Teilchenflußdichte und Expositionszeit, der Teilchenfluenz, proportional. Eine weitere wichtige Erscheinung ist der *Latentbildschwund* (Fading). Man versteht darunter die Rückbildung des latenten Bildes in der Zeit zwischen Bestrahlung und Entwicklung. Unter ungünstigen Lagerungsbedingungen (große Luftfeuchte, hohe Temperatur) kann der Informationsgehalt photographischer Emulsionen dadurch innerhalb weniger Tage oder Wochen völlig gelöscht werden. Zur Verringerung des Fadings verpackt man das Filmmaterial möglichst luft- und feuchtigkeitsdicht.

Filmdosimetrie

Photographische Emulsionen gestatten mühelos die Wirkung auftreffender Strahlung über längere Zeiträume zu summieren. Sie werden daher zur Überwachung strahlungsexponierter Personen eingesetzt. *Filmdosimeter* sind billig, robust und leicht verschickbar. Die entwickelten Filme stellen ein Dokument der Strahlungsbelastung dar. Durch Schwärzungsmessungen wird die von Photonen, Elektronen und langsamen Neutronen erzeugte Energiedosis erfaßt. In den Filmplaketten angeordnete Metallfilter dienen zur Korrektion der starken Photonenenergieabhängigkeit der Photoemulsionen und erleichtern die Gewinnung von Zusatzinformationen über Strahlungsart und Strahlungsenergie.

Zum Nachweis thermischer Neutronen wird der Dosimeterfilm mit Cadmium abgedeckt. Ein Filter von 0,5 mm Dicke absorbiert alle Neutronen mit Energien $< 0{,}5$ eV und sendet energiereiche Einfang-γ-Strahlung aus. Die photographische Dosimetrie von Elektronen- und β-Strahlung ist erst bei Energien > 500 keV möglich, da die Filmverpackung eine starke Absorption bewirkt. Gewöhnlich begnügt man sich mit dem qualitativen Nachweis der β-Strahlung.

Die Filmdosimetrie schneller Neutronen beruht auf Kernreaktionen mit Emulsionsbestandteilen. Vorwiegend entstehen infolge elastischer Stöße Rückstoßprotonen, deren Spuren durch den Entwicklungsprozeß mikroskopisch sichtbar werden. Ihre Zahl je Fläche (Spurdichte) ist ein Maß für die Neutronenfluenz. Wenn das Neutronenenergiespektrum bekannt ist, läßt sich daraus die Energiedosis berechnen.

Wesentliche Nachteile der Filmdosimetrie sind der umständliche photographische Entwicklungsprozeß, der schwer beherrschbare Latentbildschwund sowie zahlreiche Fehlerquellen bei der komplizierten Auswertung (Filterverfahren).

Autoradiographie

Werden photographische Emulsionen längere Zeit in engen Kontakt mit Proben gebracht, die radioaktive Substanzen enthalten oder in denen radioaktive Nuklide durch Kernreaktionen entstehen, so ergeben sich nach der Entwicklung Schwärzungsbilder, welche die Häufigkeit und Verteilung der radioaktiven Atome widerspiegeln. Diese Aufnahmen heißen *Autoradiogramme*. Die Methode der Autoradiographie findet Anwendung zur Untersuchung radioaktiv markierter Gewebeschnitte, zur Analyse geschliffener Festkörperoberflächen sowie zur Auswertung von Chromatogramm- und Elektrophoresepapieren. Die radioaktive Markierung des Probenmaterials erfolgt gewöhnlich mit α- oder β-Strahlern, weil Photoemulsionen gegenüber γ-Strahlung relativ unempfindlich sind. Die optimale Expositionszeit hängt von der Filmempfindlichkeit, der Dicke des Objektes, der Aktivitätskonzentration und vom verwendeten radioaktiven Nuklid ab. Es ist zwecklos, die Expositionszeit auf mehr als 3 bis 4 Halbwertzeiten auszudehnen.

Das örtliche *Auflösungsvermögen* eines Autoradiogramms wird durch den Abstand d der Schwärzungszentren charakterisiert, die durch zwei punktförmige Strahlungsquellen im Objekt entstehen (Abb. 34). Eine scharfe Trennung beider Bildpunkte ist nur möglich, wenn gilt:

$$d > \frac{b_1 + b_2}{2}; \tag{2.38}$$

b_1, b_2 — Halbwertbreiten der Schwärzungsverteilungen.

Je kleiner die Silberhalogenidkristalle sowie die Dicken von Emulsionsschicht, Objekt und Luftspalt zwischen Film und Objekt sind, um so größer ist das Auflösungsvermögen. Es wächst außerdem mit abnehmender Teilchenenergie.

Zur Aufnahme von Autoradiogrammen sind drei Verfahren gebräuchlich. Den geringsten Aufwand erfordert das *Kontaktverfahren*. Das ebene Objekt und der Autoradiographiefilm werden direkt oder unter Zwischenlegen einer dünnen Cellophanfolie aneinander gepreßt. Die erreichbare Auflösung beträgt nur 50 bis 100 µm. Beim *Gießverfahren* bringt man die flüssige Emulsion im erwärmten Zustand auf das Objekt. Das Auflösungsvermögen liegt bei 5 µm. Mit dem *Stripping-Film-Verfahren* erhält man Autoradiogramme höchster Auflösung (1 bis 3 µm). Dabei wird die mit einer dünnen Stützschicht versehene Photoemulsion von der Unterlage abgezogen, auf eine Wasseroberfläche gebracht und über das von unten herangeführte Objekt gelegt. Beim anschließenden Trocknen zieht sich die Emulsion zusammen, so daß ein guter Kontakt mit dem Objekt erreicht wird.

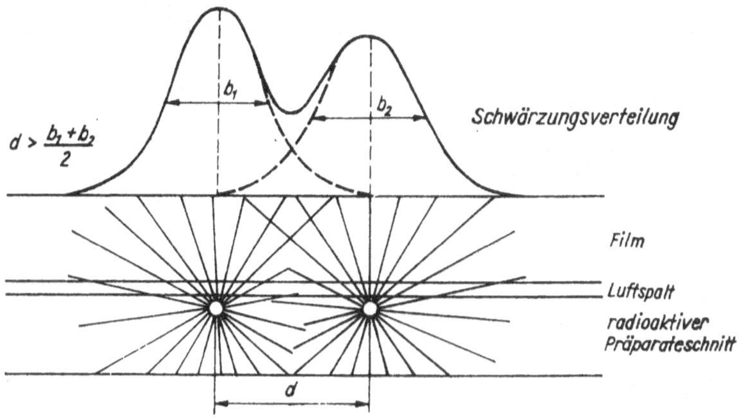

Abb. 34. Zur Erläuterung des Auflösungsvermögens der Autoradiographie

Kernspuremulsionen

Besonders feinkörnige Emulsionsschichten mit hohem Silberhalogenidgehalt und großer Dicke dienen in der kernphysikalischen Forschung zur Untersuchung der Bahnen ionisierender Teilchen (Tab. 12). Sie gestatten insbesondere das Studium der Wechselwirkungsprozesse von Mikroteilchen aller Art. Geladene Teilchen erzeugen in Photoemulsionen längs ihres Weges eine dichte Folge von Schwärzungskörnern, so daß sich der Bahnverlauf deutlich vom Grundschleier abhebt. Um bei der großen Emulsionsdicke eine gleichmäßige Entwicklung zu erreichen und Verzerrungen der Teilchenbahnen zu vermeiden, wurden spezielle Temperaturentwicklungsverfahren ausgearbeitet. Die Auswertung der entwickelten Kernspuremulsionen geschieht mittels eines Meßmikroskopes. Mit Kernspuremulsionen werden unterschiedliche Informationen gewonnen.

Wenn die Spuren in der Emulsion enden, läßt sich die Teilchenreichweite R bestimmen. Bei bekannter Zusammensetzung der Photoemulsion gewinnt man mit Hilfe der Gleichungen (1.46),

(1.47) und (1.55) Energie-Reichweite-Beziehungen für Teilchen unterschiedlicher Masse und Ladung.

Die Anzahl der Schwärzungskörner je Wegstrecke $\mathrm{d}n/\mathrm{d}x$ (Korndichte) ist ein Maß für den Ionisationsverlust $-(\mathrm{d}E/\mathrm{d}x)_{\text{Stoß}}$.

Infolge der Vielfachstreuung geladener Teilchen an den COULOMB-Feldern der Atomkerne tritt in der Emulsion auf der Wegstrecke x eine Abweichung der Bahn von der Geraden um den

Tabelle 12

Eigenschaften von üblichen Filmemulsionen und Kernspuremulsionen

	optische Emulsion	Kernspur-emulsion
AgBr/Gelatine Masse %	50 : 50	80 : 20
Korngröße/μm	0,5–3	0,05–0,2
Schichtdicke/μm	10–15	50–1200
Dichte ϱ/kg m^{-3}	300	4000

mittleren Winkel $\bar{\vartheta}$ auf. Dieser Streuwinkel ist mit der Teilchengeschwindigkeit $v = \beta c_0$, dem Impuls p und der Ladungszahl z verknüpft:

$$\bar{\vartheta} = K \frac{z\sqrt{x}}{p\beta}; \tag{2.39}$$

K – Streukonstante.

Exponiert man Kernspuremulsionen in homogenen Magnetfeldern der Flußdichte B, so kann aus dem Krümmungsradius

$$r = \frac{p}{ze_0B} \tag{2.40}$$

der Bahnen der Impuls bzw. die Ladung der Teilchen ermittelt werden.

Zur Untersuchung der primären kosmischen Strahlung werden Emulsionspakete (Stacks) in Raumschiffen oder bei Ballonaufstiegen in großer Höhe exponiert.

2.3.2. Festkörperspurdetektoren

Spurbildung

Bei der Abbremsung schwerer geladener Teilchen in dielektrischen Festkörpern (anorganische Kristalle und Gläser, Hochpolymere) entstehen Spuren strahlungsgeschädigten Materials, die direkt elektronenmikroskopisch beobachtet werden können. Sie besitzen Durchmesser in der Größenordnung von 10 nm. Ihre Länge ist kleiner oder gleich der Teilchenreichweite im betreffenden Stoff. Durch Behandlung des bestrahlten Materials mit chemischen Ätzmitteln werden die latenten Spuren stärker angegriffen als die nicht strahlungsgeschädigte Umgebung, so daß feine Kanäle entstehen, die sich mit wachsender Einwirkungsdauer des ätzenden Reagens zu Ätzgruben aufweiten, welche auch lichtmikroskopisch sichtbar sind.

Aus charakteristischen Spurgrößen (Durchmesser, Länge, Öffnungswinkel) können Eigenschaften der spurerzeugenden Teilchen (Energie, Bremsvermögen) bestimmt werden. Die auf die Fläche bezogene Anzahl der Spuren (Spurdichte) liefert dagegen Aussagen über bestimmte integrale Strahlungsgrößen (Teilchenfluenz, Energiedosis).

Die Bildung von Teilchenspuren wird an Hand von Modellvorstellungen diskutiert, die sich für anorganische und organische Detektormaterialien unterscheiden.

In anorganischen Festkörpern wird die Erzeugung latenter Teilchenspuren am besten durch das sogenannte *Ionenexplosionsmodell* (ion explosion spike model) erklärt (Abb. 35a). Es beruht auf der Annahme, daß die beim Durchgang eines schweren geladenen Teilchens im Festkörper gebildeten positiven Ionen durch COULOMBsche Abstoßungskräfte von ihren regulären Gitterplätzen losgerissen werden, so daß entlang der Teilchenbahn eine hohe Konzentration von Zwischengitteratomen und Leerstellen entsteht. Voraussetzung für die Bildung permanenter Störungszonen ist die schnelle Zerstreuung der beim Ionisierungsvorgang gebildeten Elektronen, so daß Rekombinationen mit positiven Ionen eine untergeordnete Rolle spielen. Die Bildung latenter Spuren ist daher auf Dielektrika beschränkt. In Metallen und Halbleitern mit einer hohen Elektronen- bzw. Defektelektronendichte entstehen keine ätzbaren Spuren.

Die Spurbildung in organischen Hochpolymeren beruht auf anders gearteten Prozessen. Beim Durchgang schwerer geladener Teilchen entstehen infolge Ionisierung energiearme δ-Elektronen

($E_e < 100$ eV), die im Umkreis weniger Nanometer von der Teilchenbahn hohe Energiedosen erzeugen. Dadurch werden strahlenchemische Reaktionen ausgelöst, die ein Aufbrechen der Polymerketten, die Bildung freier Radikale und die Abspaltung nieder-

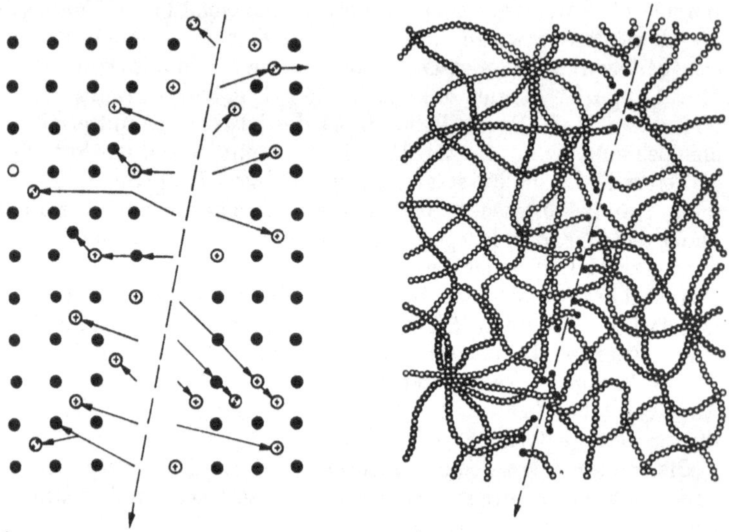

a) b)

Abb. 35. Bildung der submikroskopischen Schädigungszone entlang einer Teilchenspur in einem Festkörper
(a) Kristalle, (b) Hochpolymere

molekularer Reaktionsprodukte zur Folge haben (*Modell der offenen Polymerketten*, Abb. 35b). Die strahlungsgeschädigten Gitterzonen anorganischer Stoffe sowie die strahlenchemisch modifizierten Bereiche von Hochpolymeren zeichnen sich durch ihre bevorzugte Ätzbarkeit aus.

Spurbildungskriterium

Festkörperspurdetektoren besitzen ein schwellwertartiges Nachweisverhalten. Es werden nur solche Teilchen registriert, die eine ausreichende Schädigung verursachen. In vielen Fällen führt das „*Kriterium der primären Ionisation*" zu Aussagen, die durch experimentelle Ergebnisse bestätigt werden. Man nimmt an, daß die Bildung ätzbarer Spuren von der Zahl der erzeugten Ionen je Wegelement abhängt. Für die Berechnung der primären Ionisation gilt eine modifizierte Form der BETHE-BLOCH-Formel (1.46):

$$\frac{\mathrm{d}I}{\mathrm{d}x} = \left(\frac{1}{4\pi\varepsilon_0}\right)^2 \frac{4\pi e_0{}^4 z^{*2} r}{m_{e0} c_0{}^2 \beta I_0} \left(\ln \frac{2 m_{e0} v^2}{I_0(1-\beta^2)} - \beta^2 + s\right); \quad (2.41)$$

I_0 — Ionisierungsenergie des äußersten Hüllenelektrons, z^* — effektive Ladungszahl des Teilchens, r, s — Materialparameter.

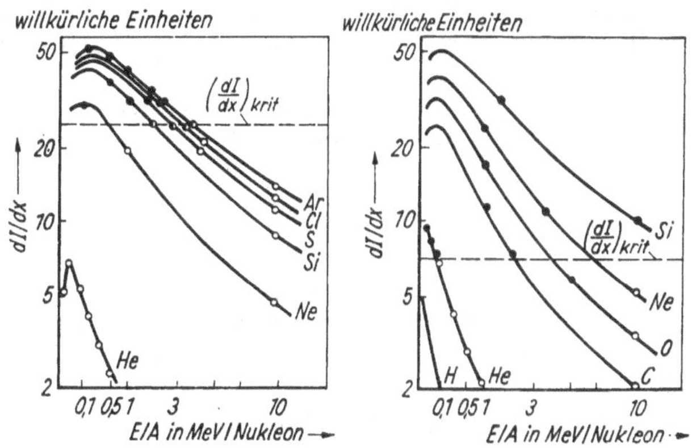

Abb. 36. Primäre Ionisation $\mathrm{d}I/\mathrm{d}x$ verschiedener schwerer Ionen in Abhängigkeit von der Teilchenenergie je Nukleon E/A für Glimmer (a) und Polycarbonat (b)
● vollständige Spurbildung,
◐ teilweise Spurbildung,
○ keine Spurbildung

Es werden nur dann ätzbare Spuren gebildet, wenn $\mathrm{d}I/\mathrm{d}x$ einen für jedes Material charakteristischen kritischen Wert $(\mathrm{d}I/\mathrm{d}x)_{\text{krit}}$ überschreitet (Abb. 36). In Glimmer werden zum Beispiel nur schwere Teilchen mit Ordnungszahlen > 9 registriert. Empfindliche Polymerfolien sind dagegen sogar zum Nachweis von α-Teilchen und Protonen in einem begrenzten Energiebereich geeignet. Neutronen kann man über die in Konvertersubstanzen erzeugten α-Teilchen, Rückstoßprotonen oder Spaltfragmente messen. Generell sind Festkörperspurdetektoren jedoch gegenüber Photonen- und Elektronenstrahlung unempfindlich. Der Schwellwertcharakter des Teilchennachweises erweist sich für viele Anwendungen von Festkörperspurdetektoren als vorteilhaft.

Ätzprozeß

Durch Anätzen werden die latenten Spuren lichtmikroskopisch sichtbar gemacht und fixiert. Die Form der Ätzgruben ist von den Eigenschaften der ätzenden Flüssigkeit, der Ätzdauer, dem Schädigungsgrad entlang der Teilchenbahn und der Beschaffenheit des nicht strahlungsgeschädigten Materials abhängig. Das ätzende Reagens dringt nicht nur mit der Geschwindigkeit v_T in alle die Detektoroberfläche erreichenden Störungszonen ein und weitet diese auf, sondern greift mit der kleineren Geschwindigkeit v_B auch die ungeschädigte Festkörperoberfläche an. Latente Spuren werden nur dann zu sichtbaren Ätzgruben aufgeweitet, wenn gilt $v_T/v_B > 1$. Sind die latenten Spuren nicht senkrecht zur Oberfläche gerichtet, muß der Neigungswinkel Θ einen kritischen Winkel

$$\Theta_{\text{krit}} = \arc\sin\,(v_B/v_T) \quad (\text{für } v_T = \text{konst.}) \qquad (2.42)$$

überschreiten, damit Ätzgruben entstehen können (Abb. 37). Sehr flach verlaufende Spuren werden überätzt. Die Ätzbedingungen für einige Detektormaterialien sind in Tab. 13 zusammengestellt.[1])

Die Auswertung der geätzten Detektoren erfolgt im einfachsten Fall durch visuelles Auszählen der Ätzspuren mit Hilfe eines

Tabelle 13. Detektormaterialien für den Nachweis geladener Teilchen

Detektormaterial	Ätzmittel	Ätz-temperatur in °C	Θ_{krit}	leichteste nachweisbare Teilchen
Cellulosenitrat	30% KOH	60		H
Cellulosetriacetat	30% KOH	70	4°	He
Polycarbonat	30% KOH	60	2°...3°	C
Polyallyldiglycol-carbonat (CR 39)	20% NaOH	70		H
Glimmer	49% HF	23	≈ 0°	Ne
Mikroskopierglas	48% HF	23	40°...50°	S

[1]) Durch Anlegen hochfrequenter elektrischer Wechselfelder (Frequenz ≈ 10 kHz, Feldstärke ≈ 10^6 V/m) an den Detektor während des Ätzens vergrößern sich die Ätzgruben stark, so daß sich insbes. geringe Spurzahlen leichter nachweisen lassen.

Mikroskopes, wobei die Ätzgrubenzahl je Fläche (Spurdichte) ermittelt wird. Auch eine Reihe halbautomatischer und automatischer Zählverfahren sind entwickelt worden.

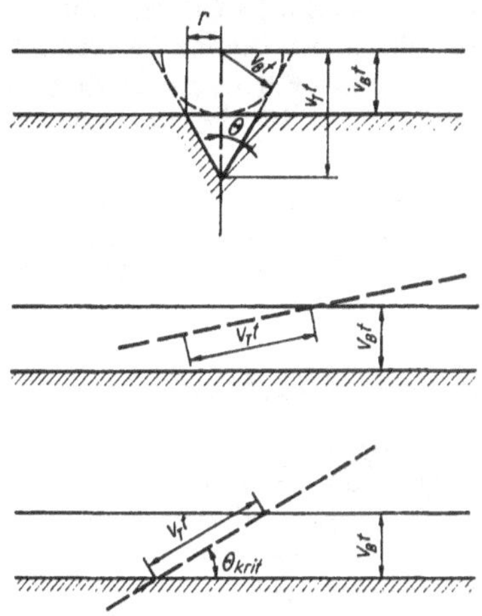

Abb. 37. Ätzgrubenbildung in Festkörperspurdetektoren
(a) Der geschädigte Bereich wird bis zur Tiefe $v_T t$ geätzt, die ungestörte Oberfläche bis zur Tiefe $v_B t$ weggelöst.
(b) Eine flach verlaufende Spur wird daher nicht sichtbar.
(c) Eine Ätzgrube entsteht nur dann, wenn der Neigungswinkel Θ größer als ein kritischer Winkel Θ_{krit} ist.

Anwendung

Neutronendosimetrie

Für den indirekten Nachweis von Neutronen werden drei Möglichkeiten ausgenutzt:

a) Kombination des Festkörperspurdetektors (Glimmer, Glas, Polymerfolie) mit einer Spaltstoffschicht (^{235}U oder ^{239}Pu für thermische Neutronen, ^{232}Th, ^{238}U, ^{237}Np für schnelle Neutronen) und Registrierung der durch Kernspaltung erzeugten Spaltfragmente.

b) Kombination des Festkörperspurdetektors (Polymerfolie) mit dünnen Folien, die ^{10}B oder ^{6}Li enthalten. Nachweis der durch langsame und mittelschnelle Neutronen erzeugten α-Teilchen. Schnelle Neutronen können auch über die Rückstoßprotonen aus externen Polyethylenkonverterfolien erfaßt werden.

c) Registrierung der durch schnelle Neutronen im Festkörperspurdetektor (Polymerfolie) selbst erzeugten Kohlenstoff-, Stickstoff- und Sauerstoffrückstoßkerne.

Die Spurdichte ist in jedem dieser Fälle ein Maß für die Neutronenfluenz, aus der sich bei bekanntem Neutronenenergiespektrum die Energiedosis berechnen läßt. Darüber hinaus sind Festkörperspurdetektoren für Energie- und Winkelverteilungsmessungen von Neutronen anwendbar.

Neutronenempfindliche Festkörperspurdetektoren werden besonders in der Strahlenschutzmeßtechnik sowie für Meßaufgaben an Kernreaktoren, Beschleunigern und radioaktiven Neutronenquellen eingesetzt.

Neutroneninduzierte Autoradiographie (NIAR)

Zur Abbildung von Elementverteilungen werden Festkörperspurdetektoren in möglichst engen Kontakt mit einer dünnen Schicht des Probenmaterials gebracht und anschließend im Neutronenstrahlungsfeld exponiert. Kernreaktionen vom Typ (n, α), (n, p) und (n, f) ermöglichen die Erfassung bestimmter Elemente. Wenn die Neutronenfluenz und der Wirkungsquerschnitt bekannt sind, kann man neben der Elementverteilung aus der Spurdichte auch auf die Konzentration schließen. Das Verfahren wird erfolgreich zur Bestimmung spaltbarer Nuklide (Uranium, Plutonium) in Wasser, Luft, biologischem Material und Mineralen eingesetzt. In der Metallurgie und Halbleitertechnologie dient es insbesonderes zum Nachweis der räumlichen Verteilung von Bor und Lithium.

Kernphysikalische Meßtechnik

In der Art des Einsatzes von Festkörperspurdetektoren bei kernphysikalischen Experimenten bestehen Parallelen zu photographischen Kernspuremulsionen.

Da man für den Durchmesser der Ätzspuren d_0 näherungsweise

$$d^2{}_0 \sim \frac{\mathrm{d}E}{\mathrm{d}x} \sim \frac{1}{E} \tag{2.43}$$

schreiben kann, ist es möglich, auf einfache Weise die Teilchenenergie und das Bremsvermögen zu bestimmen. Häufig werden Festkörperspurdetektoren zur Registrierung der Spaltfragmente bei Spaltungsexperimenten und Winkelverteilungsmessungen benutzt. Zur Messung der geringen Lebensdauer spontan spaltender Transuraniumkerne werden Detektorsonden zur Registrierung der Spaltfragmente auf einer schnell rotierenden Scheibe unter dem Target bewegt. Aus der Rotationsgeschwindigkeit und der Spurdichteverteilung auf den Detektorblättchen kann man die mittlere Lebensdauer der instabilen Kerne berechnen.

Ähnlich wie Kernemulsionsstacks werden großflächige Festkörperspurdetektoren mit einer Vielzahl übereinanderliegender Schichten zur Messung der chemischen Zusammensetzung und der Flußdichte der primären kosmischen Strahlung verwendet.

2.3.3. *Aktivierungssonden*

Wirkprinzip

Aktivierungssonden sind Neutronendetektoren. Sie beruhen auf der Aktivierung bestimmter Elemente infolge neutroneninduzierter Kernreaktionen (s. 1.4.3.). Aus der Sondenaktivität kann mit Hilfe der Aktivierungsgleichung (1.74) auf die Neutronenflußdichte während der Bestrahlung oder die Neutronenfluenz nach Beendigung der Exposition geschlossen werden. Darüber hinaus ist es möglich, mit verschiedenen Sonden angenähert die Energieverteilung der Neutronen zu ermitteln (Neutronenspektrometrie). Die grundlegende Beziehung (1.74) gilt exakt nur für ideal dünne Sonden, die das Neutronenfeld nicht stören. Bei der Auswertung dicker Aktivierungssonden muß man die Flußdichteänderung durch die Sonden selbst (Flußdichtedepression), die geringere Aktivierung innerer Schichten (Selbstabschirmung) und die Selbstabsorption der entstehenden Strahlung im Sondenmaterial durch Korrektionen berücksichtigen.

Aktivierungssonden werden gewöhnlich in Form ebener Folien oder dünner Drähte eingesetzt. Ihre geringen Abmessungen, das Fehlen elektrischer Versorgungsleitungen und ihre Unempfindlichkeit gegenüber Photonenstrahlung ($E_\gamma < 6$ MeV) erweisen sich für Messungen im Strahlenschutz sowie in Kernreaktoren als vorteilhaft. Um die Erzeugung von Störaktivitäten einzuschränken, werden zur Sondenherstellung hochreine Ausgangssubstanzen verwendet. Treten dennoch merkliche Fremdaktivitäten auf, so darf man diese bei der Messung nicht mit erfassen. Die Auswertung von Aktivierungssonden erfolgt nach der Bestrahlung durch relative oder absolute Aktivitätsbestimmung (s. 3.2.). Entsprechend der Einteilung der Neutronen in Energiegruppen (s. 1.2.4.) unterscheidet man drei Arten von Aktivierungssonden.

1/v-Sonden

Langsame Neutronen lösen in Aktivierungssonden (n, γ)-Einfangsreaktionen aus. Bei vielen Stoffen befolgt der Wirkungsquerschnitt im Bereich kleiner Neutronenenergien ein $1/v$-Gesetz:

$$\sigma = \sigma_0 \frac{v_0}{v} = \sigma_0 \sqrt{\frac{E_0}{E}}; \tag{2.44}$$

σ_0 Wirkungsquerschnitt bei $v_0 = 2200$ m/s (wahrscheinlichste Geschwindigkeit bei $T_0 = 293{,}6$ K). Der Geschwindigkeit von $v_0 = 2200$ m/s entspricht die Neutronenenergie $E_0 = kT_0 = 0{,}0253$ eV. Zur Trennung des Aktivierungsanteils langsamer

Tabelle 14
$1/v$- und Resonanzsonden für langsame und intermediäre Neutronen

Reaktion	$T_{1/2}$	Hauptresonanz E_r eV	σ_0 fm²	natürliche Häufigkeit %
^{115}In(n, γ) ^{116}In^m	54,1 min	1,46	15500	95,8
^{197}Au(n, γ) ^{198}Au	2,6935 d	4,91	9880	100
^{152}Sm(n, γ) ^{153}Sm	1,947 d	8,01	3700	26,63
^{186}W(n, γ) ^{187}W	23,8 h	18,8	3500	28,4
^{139}La(n, γ) ^{140}La	1,678 d	73,5	890	99,91
^{55}Mn(n, γ) ^{56}Mn	2,58 h	337	1320	100
^{63}Cu(n, γ) ^{64}Cu	12,70 h	577	440	69
^{23}Na(n, γ) ^{24}Na	14,96 h	2900	50	100
^{37}Cl(n, γ) ^{38}Cl	37,18 min	8600	60	24,6

Neutronen in Feldern mit Neutronen verschiedener Geschwindigkeiten bedient man sich der *Cadmiumdifferenzmethode*. Am selben Meßort werden zwei gleichartige Sonden aktiviert, wovon die eine mit 1 mm dickem Cadmiumblech umhüllt ist. Dieses Filter ist für Neutronen mit Energien unterhalb 0,5 eV (Cadmiumabscheideenergie) undurchlässig. Zur Spektrometrie und Flußdichtemessung langsamer Neutronen werden hauptsächlich dünne Gold- oder Indiumsonden verwendet (Tab. 14).

Resonanzsonden

Resonanzsonden dienen zur Messung intermediärer Neutronen oberhalb 0,5 eV (Tab. 14). Sie sind dadurch gekennzeichnet, daß der $1/v$-Verlauf des Wirkungsquerschnittes bei bestimmten Energien E_r in ausgeprägte Resonanzen übergeht. In der Nähe einer einzelnen Resonanzstelle wird der Einfangquerschnitt durch die BREIT-WIGNER-Formel beschrieben:

$$\sigma(E) = \sigma_r \sqrt{\frac{E_r}{E}} \frac{\Gamma^2}{\Gamma^2 + 4(E - E_r)^2}; \tag{2.45}$$

σ_r Wirkungsquerschnitt an der Resonanzstelle, Γ Halbwertbreite der Resonanz.

Die spektrale Flußdichte der intermediären Neutronen befolgt in einem idealen Bremsmedium (Moderator) mit homogen verteilten Quellen schneller Neutronen ein $1/E$-Gesetz:

$$\varphi_E(E) = \frac{E_r}{E} \varphi_E(E_r). \tag{2.46}$$

Zur Eliminierung des Aktivierungsbeitrages thermischer Neutronen umhüllt man Resonanzsonden mit Cadmium. Oft wird Gold als Sondenmaterial verwendet.

Schwellwertsonden

Schnelle Neutronen werden mit Schwellwertsonden nachgewiesen. Die Aktivierung beruht auf endothermen (n, p)-, (n, α)-, (n, n')-, (n, 2n)- oder (n, f)-Reaktionen. Der Wirkungsquerschnitt nimmt erst oberhalb einer bestimmten Neutronenenergie einen von Null verschiedenen Wert an. Diese Schwellenenergie beträgt im Laborsystem

$$E_S = |Q| \frac{m_k + m_n}{m_n}; \tag{2.47}$$

Q Reaktionsenergie, m_k Masse des Targetkerns, m_n Neutronenmasse.

Anstelle der Schwellenenergie führt man eine effektive Energie E_S^{eff} ein, bei welcher der Wirkungsquerschnitt annähernd den konstanten Wert σ_{eff} erreicht. Somit kann geschrieben werden:

$$\int_0^{E_{max}} \sigma(E) \varphi_E \, dE = \sigma_{eff} \int_{E_S^{eff}}^{E_{max}} \varphi_E \, dE. \tag{2.48}$$

In Tab. 15 sind einige oft verwendete Schwellwertsonden zusammengestellt. Sie werden insbesondere in der Reaktorphysik und Havariedosimetrie zur Neutronenspektrometrie, Flußdichte- und Fluenzmessung benutzt.

Tabelle 15

Schwellwertsonden für schnelle Neutronen

Reaktion	$T_{1/2}$	E_S^{eff} MeV	σ_{eff} fm²	natürliche Häufigkeit %
$^{103}Rh(n, n')\,^{103}Rh^m$	56,12 min	0,90	150	100
$^{115}In(n, n')\,^{115}In^m$	4,486 h	1,15	28,2	95,6
$^{238}U(n, f)$	12,8 d (Ba)	1,55	60,6	99,27
$^{232}Th(n, f)$	12,8 d (Ba)	1,40	14,0	100
$^{31}P(n, p)\,^{31}Si$	2,62 h	2,55	12,6	100
$^{32}S(n, p)\,^{32}P$	14,3 d	2,65	23,8	95
$^{58}Ni(n, p)\,^{58}Co$	70,78 d	2,70	47,8	67,8
$^{54}Fe(n, p)\,^{54}Mn$	312,2 d	3,75	40,0	5,9
$^{27}Al(n, p)\,^{27}Mg$	9,46 min	4,67	5,6	100
$^{56}Fe(n, p)\,^{56}Mn$	2,58 h	6,60	5,4	91,6
$^{24}Mg(n, p)\,^{24}Na$	14,96 h	7,15	12,0	76,8
$^{27}Al(n, \alpha)\,^{24}Na$	14,96 h	7,42	6,2	100
$^{65}Cu(n, 2n)\,^{64}Cu$	12,70 h	11,20	100	30,9
$^{63}Cu(n, 2n)\,^{62}Cu$	9,74 min	12,90	65,0	69,1

2.3.4. *Chemische Detektoren*

Die Grundlage chemischer Detektoren bilden strahleninduzierte Reaktionen in Festkörpern, Flüssigkeiten oder Gasen. Die Ausbeute strahlenchemischer Reaktionen wird durch den G-Wert ausgedrückt, der die Anzahl der umgewandelten Moleküle oder Ionen je 100 eV übertragener Energie angibt. Am häufigsten wird der FRICKE-*Ferrosulfatdetektor* verwendet. Er beruht auf der strahlenchemischen Oxydation von Fe^{2+}-Ionen in sauerstoffhaltiger schwefelsaurer Lösung. Das Standard-FRICKE-System hat folgende Zusammensetzung: $Fe(NH_4)_2(SO_4)_2$ oder $FeSO_4$(10^{-3} molar), NaCl (10^{-3} molar), H_2SO_4 (0,4 molar), bidestilliertes Wasser.
Die FRICKE-Lösung dient in erster Linie zur Messung hoher Energiedosen im Bereich von 20 bis 400 Gy. Die Auswertung der bestrahlten Detektoren erfolgt durch spektralphotometrische Bestimmung der Konzentration der gebildeten Fe^{3+}-Ionen bei $\lambda = 304$ nm. Die Energiedosis D in Gy läßt sich berechnen mit Hilfe der Zahlenwertgleichung

$$D = 9{,}65 \cdot 10^9 \frac{\lg (\Phi/\Phi_0)_\lambda}{\varepsilon_\lambda G \varrho d}; \tag{2.49}$$

$(\Phi_0)_\lambda$ — Lichtstrom hinter der unbestrahlten Lösung, $(\Phi)_\lambda$ — Lichtstrom hinter der bestrahlten Lösung, $G = 15{,}6$ — strahlenchemische Ausbeute in $(100\ \mathrm{eV})^{-1}$, $\varepsilon_\lambda = 2{,}205 \cdot 10^5\ \mathrm{m^{-1} mol^{-1} l}$ — molarer dekadischer Extinktionskoeffizient von Fe^{3+}, $\varrho = 1024\ \mathrm{kg/m^3}$ — Dichte der Lösung bei 25 °C, d — Schichtdicke der Lösung bei der Auswertung in m. Die Empfindlichkeit flüssiger chemischer Detektoren wird i. allg. durch die Temperatur bei Bestrahlung, Lagerung und Auswertung sowie durch den Sauerstoffgehalt beeinflußt.

Weitere chemische Strahlungsdetektoren beruhen auf der Radiolyse wäßriger Lösungen von Benzen, Chlorbenzen oder Oxalsäure und auf der Verfärbung organischer Lösungen und Kunststoffe.

3. Strahlungsmessung

3.1. Teilchenzählung

3.1.1. Statistische Zählfehler

Die Zählung direkt oder indirekt ionisierender Teilchen mit Detektoren, die elektrische Impulse liefern, gehört zu den empfindlichsten Methoden der Strahlungsmeßtechnik. Infolge des statistischen Charakters der Strahlungsemission unterliegen die Detektorimpulse ebenfalls statistischen Schwankungen. Mißt man unter konstanten Bedingungen jeweils während einer bestimmten Zeit t mehrmals die Impulszahl n, so streuen die Ergebnisse $n_1, n_2, \ldots, n_i$ um einen Mittelwert

$$\bar{n} = \frac{1}{i} \sum_{k=1}^{i} n_k; \tag{3.1}$$

i — Anzahl der Messungen.

Die Schwankungsbreite der Verteilung der Impulszahlen wird durch den *mittleren statistischen Fehler der Einzelmessung* (empirische Standardabweichung) gekennzeichnet:

$$s = \sqrt{\frac{\sum_{k=1}^{i} (n_k - \bar{n})^2}{i - 1}}. \tag{3.2}$$

Der *mittlere statistische Fehler des Mittelwertes* ist gegeben durch

$$s_m = \frac{s}{\sqrt{i}}. \tag{3.3}$$

Für $i \to \infty$ strebt die Häufigkeitsverteilung der Ausgangsverteilung (Wahrscheinlichkeitsverteilung) zu und der Mittelwert nimmt einen konstanten Wert (Erwartungswert) an. Anstelle der gemessenen Verteilung kann man mit der Ausgangsverteilung rechnen. Die Wahrscheinlichkeit $P(n)$ für das Auftreten der Impulszahl n bei einem Mittelwert $\bar{n}$ wird durch die POISSON-*Verteilung* beschrieben:

$$P(n) = \frac{\bar{n}^n}{n!} e^{-\bar{n}}. \tag{3.4}$$

Für $n \gg 1$ und $|n - \bar{n}| \ll \bar{n}$ geht diese unsymmetrische Verteilung in die symmetrische GAUSS-*Verteilung* über:

$$P(n - \bar{n}) = \frac{1}{\sqrt{2\pi\bar{n}}} e^{-\frac{(n-\bar{n})^2}{2\bar{n}}}. \tag{3.5}$$

Hierfür ergibt sich der mittlere statistische Fehler der Einzelmessung (*Standardabweichung*) zu

$$s = \sqrt{\bar{n}} \approx \sqrt{n}. \tag{3.6}$$

Bei einer statistisch reinen Zählung liegen 68,3% aller Meßwerte innerhalb des Bereiches $\bar{n} \pm s$.

Bei einer experimentell ermittelten Verteilung kann entsprechend (3.3) der mittlere Fehler des Mittelwertes näherungsweise

$$s_m = \sqrt{\frac{\bar{n}}{i}} \tag{3.7}$$

gesetzt werden.

Der relative mittlere statistische Fehler des Mittelwertes beträgt

$$\frac{s_m}{\bar{n}} = \frac{1}{\sqrt{\bar{n}i}} = \frac{1}{\sqrt{\sum_{k=1}^{i} n_k}}, \tag{3.8}$$

wobei $\sum_{k=1}^{i} n_k$ die Gesamtzahl aller gemessenen Impulse ist. Der relative Fehler fällt demnach um so kleiner aus, je mehr Impulse gezählt werden. Bei $\sum_{k=1}^{i} n_k = 10000$ Impulsen ergibt sich beispielsweise ein relativer Fehler des Mittelwertes von 0,01 (= 1%). Oft werden bei Teilchenzählungen die Ergebnisse nicht als Impulszahlen, sondern in Form von Impulsraten $\dot{n}$ angegeben. Für eine mittlere Impulsrate $\dot{n} = n/t$ kann sinngemäß geschrieben werden:

mittlerer statistischer Fehler $$\frac{\sqrt{n}}{t} = \sqrt{\frac{\dot{n}}{t}} \tag{3.9}$$

und

relativer mittlerer statistischer Fehler $$\frac{1}{\sqrt{\dot{n}t}}. \tag{3.10}$$

In den meisten Fällen darf der Nulleffekt des Detektors bei Abwesenheit der zu untersuchenden Strahlungsquelle nicht vernachlässigt werden. Man muß vielmehr zwei Messungen durchführen und die interessierende Nettoimpulsrate $\dot{n}_N$ aus der Differenz von Gesamtimpulsrate $\dot{n} = n/t$ und Nulleffektimpulsrate $\dot{n}_0 = n_0/t_0$ ermitteln:

$$\dot{n}_N = \dot{n} - \dot{n}_0. \tag{3.11}$$

Der mittlere statistische Fehler ergibt sich nach dem GAUSSschen Fehlerfortpflanzungsgesetz zu

$$s_N = \sqrt{\frac{\dot{n}}{t} + \frac{\dot{n}_0}{t_0}}, \tag{3.12}$$

so daß das vollständige Ergebnis einer Impulsratebestimmung lautet:

$$\dot{n}_N \pm s_N = (\dot{n} - \dot{n}_0) \pm \sqrt{\frac{\dot{n}}{t} + \frac{\dot{n}_0}{t_0}}. \tag{3.13}$$

Für den relativen mittleren statistischen Fehler ergibt sich

$$\frac{s_N}{\dot{n}_N} = \frac{1}{\dot{n} - \dot{n}_0} \sqrt{\frac{\dot{n}}{t} + \frac{\dot{n}_0}{t_0}}. \tag{3.14}$$

Bei vorgegebener Gesamtmeßzeit $t_M = t + t_0$ ist es sinnvoll, diese so zwischen t und t_0 aufzuteilen, daß der relative Fehler einen minimalen Wert annimmt. Das ist erreicht, wenn gilt:

$$\frac{t}{t_0} = \sqrt{\frac{\dot{n}}{\dot{n}_0}}. \tag{3.15}$$

Für den Fall optimaler Meßzeitaufteilung errechnet sich der kleinste erreichbare relative Fehler zu

$$\left(\frac{s_N}{\dot{n}}\right)_{min} = \frac{1}{\sqrt{t_M}\left(\sqrt{\dot{n}} - \sqrt{\dot{n}_0}\right)}. \tag{3.16}$$

3.1.2. *Zählverluste*

Infolge des statistischen Charakters der Strahlungsemission sind die Zeitabstände zwischen den Teilchen, die auf einen Detektor auftreffen, nicht konstant. Jede Strahlungsmeßanordnung besitzt außerdem eine endliche *Auflösungszeit* t_A. Sie wird durch den Detektor selbst und die Nachfolgeelektronik bestimmt. Eintreffende Teilchen, deren zeitlicher Abstand kleiner als t_A ist, werden nicht getrennt registriert. Es treten *Zählverluste* auf. Die gemessene Impulsrate $\dot{n}$ ist stets kleiner als die wahre Impulsrate $\dot{n}_w$, die man im Fall $t_A = 0$ beobachten würde. Bei der Berechnung von Zählverlusten betrachtet man zwei idealisierte Grenzfälle.

a) Die Auflösungszeit t_A ist unabhängig von der Impulsrate und von der Impulsamplitude. Ein Teilchen kann gezählt werden, wenn es in der Zeit $t \geqq t_A$ nach Auslösung eines registrierten Impulses eintrifft. Es wird nicht gezählt, wenn es in der Zeit $t < t_A$ ankommt. Beobachtet man n Impulse, so ist die Apparatur während der Zeit nt_A unempfindlich gegen Strahlung. Dieser Zeit entsprechen $\dot{n}_w n t_A$ nicht registrierte Impulse. Somit ergibt sich für die wahre Impulszahl

$$n_w = n + \dot{n}_w n t_A. \tag{3.17}$$

Hieraus folgt für die wahre Impulsrate

$$\dot{n}_w = \frac{\dot{n}}{1 - \dot{n} t_A}. \tag{3.18}$$

Der Korrektionsfaktor f_t heißt *Auflösungszeitfaktor:*

$$f_t = \frac{\dot{n}}{\dot{n}_w} = 1 - \dot{n} t_A. \tag{3.19}$$

b) Wenn innerhalb der einem Impuls folgenden Auflösungszeit t_A ein weiteres Teilchen ankommt, so wird es nicht registriert und verlängert darüber hinaus die Auflösungszeit um Δt. Ein Teilchen kann nur gezählt werden, wenn vor seinem Eintreffen in das Zeitintervall t_A kein anderes Teilchen gefallen ist. Die Wahrscheinlichkeit hierfür beträgt $e^{-\dot{n}_w t_A}$. Somit ergibt sich zwischen gemessener und wahrer Impulsrate folgender Zusammenhang:

$$\dot{n} = \dot{n}_w \, e^{-\dot{n}_w t_A}. \tag{3.20}$$

Für $\dot{n}_w t_A \ll 1$ geht (3.20) in die Beziehung (3.18) über, da man schreiben kann:

$$\dot{n} \approx \dot{n}_w (1 - \dot{n}_w t_A) \quad \text{oder}$$

$$\dot{n}_w \approx \dot{n}(1 + \dot{n} t_A) \quad \text{bei } \dot{n} \approx \dot{n}_w.$$

Alle praktischen Fälle liegen zwischen den beiden diskutierten Extremfällen. In Abb. 38 ist der Quotient $\dot{n}/\dot{n}_w$ als Funktion von $\dot{n} t_A$ dargestellt.

Um Zählverluste korrigieren zu können, muß die Auflösungszeit t_A bekannt sein. Neben oszillographischen Verfahren, der Messung des Aktivitätsabfalls einer starken radioaktiven Quelle ($T_{1/2} \approx 1$ h) oder dem Einsatz einer Totzeitstufe eignet sich hierfür die *Zweiquellenmethode*. Sie geht davon aus, daß die Zählverluste mit wachsender Impulsrate ansteigen. Zwei radioaktive Quellen annähernd gleicher Aktivität werden einzeln und gemeinsam gemessen. Außerdem wird die Impulsrate des Nulleffektes ermittelt. Um Fehler bei der Positionierung der Quellen zu vermeiden, sollten die Messungen in der Reihenfolge $\dot{n}_1$, $\dot{n}_{12}$, $\dot{n}_2$ durchgeführt werden. Es gilt

$$\dot{n}_1 + \dot{n}_2 > \dot{n}_{12} + \dot{n}_0 \tag{3.21}$$

und

$$\dot{n}_{w1} + \dot{n}_{w2} = \dot{n}_{w12} + \dot{n}_{w0}. \tag{3.22}$$

Mit (3.18) folgt:

$$\frac{\dot{n}_1}{1-\dot{n}_1 t_A}+\frac{\dot{n}_2}{1-\dot{n}_2 t_A}=\frac{\dot{n}_{12}}{1-\dot{n}_{12} t_A}+\frac{\dot{n}_0}{1-\dot{n}_0 t_A}. \tag{3.23}$$

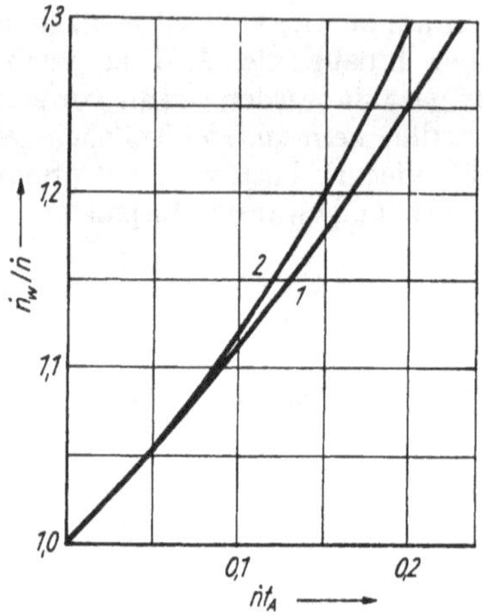

Abb. 38. Korrektion von Zählverlusten
Kurve 1 (Fall a): Auflösungszeit wird durch eintreffende Teilchen nicht beeinflußt,
Kurve 2 (Fall b): Auflösungszeit wird durch eintreffende Teilchen verlängert

Hieraus ergibt sich für die effektive Auflösungszeit näherungsweise

$$t_A=\frac{\dot{n}_1+\dot{n}_2-\dot{n}_{12}-\dot{n}_0}{\dot{n}_{12}^2-\dot{n}_1{}^2-\dot{n}_2{}^2} \tag{3.24}$$

bzw., da $\dot{n}_{12}\approx\dot{n}_1+\dot{n}_2$ gilt,

$$t_A=\frac{\dot{n}_1+\dot{n}_2-\dot{n}_{12}-\dot{n}_0}{2\dot{n}_1\dot{n}_2}. \tag{3.25}$$

3.2. Aktivitätsmessung

Eine wichtige Größe zur Charakterisierung radioaktiver Quellen ist die *Aktivität A*. Sie ist als Erwartungswert der Umwandlungsrate instabiler Atomkerne definiert (s. 1.3.1.). Mit Teilchenzählern kann man Impulsraten $\dot{n}$ bestimmen. Zwischen diesen und der Aktivität besteht der Zusammenhang

$$\dot{n} = \eta A , \tag{3.26}$$

η — Gesamtwirkungsgrad der Zählung.

Bei Absolutmessungen der Aktivität muß η bekannt sein. Außerdem ist die genaue Kenntnis des Umwandlungsschemas erforderlich, weil viele Nuklide je Kernumwandlungsakt mehrere Teilchen emittieren. Bei Relativmessungen der Aktivität ist dafür zu sorgen, daß alle Messungen unter den gleichen Bedingungen durchgeführt werden. Um eine geeignete Standardquelle wählen zu können, muß man zumindest die Art des betreffenden Nuklids kennen.

Die Methoden der Aktivitätsmessung spielen in der Strahlungsmeßtechnik eine wichtige Rolle. Sie finden bei der Kalibrierung radioaktiver Quellen ebenso Anwendung wie bei der Auswertung von Aktivierungssonden und der Bestimmung von Wirkungsquerschnitten. In der Strahlenschutzmeßtechnik sind Aktivitätsmessungen zur Überwachung von Luft, Abluft, Trinkwasser und Ausscheidungen sowie zur Bestimmung von Kontaminationen und Inkorporationen erforderlich. Der Einsatz radioaktiv markierter Verbindungen in der Nuklearmedizin, Chemie, Biologie und Industrie stellt die Aktivitätsmeßtechnik vor vielfältige Aufgaben. Sehr geringe Aktivitäten müssen in geologischem, archäologischem und extraterrestrischem Material bei radiometrischen Datierungen gemessen werden.

3.2.1. Absolute Aktivitätsmessung

Zur Absolutmessung der Aktivität radioaktiver Quellen dienen Zählmethoden, Ionisationsmethoden und mikrokalorimetrische Verfahren. Im Einzelfall entscheidet die Art und Beschaffenheit der Strahlungsquelle, welches Verfahren am besten geeignet ist. Im folgenden werden nur die gebräuchlichsten Meßmethoden beschrieben.

Zählung mit definiertem Raumwinkel

Das Verfahren ist besonders zur Aktivitätsmessung von Betastrahlungsquellen geeignet. Die radioaktive Substanz wird in dünner Schicht und geringer radialer Ausdehnung in nicht zu kleinem Abstand unter dem kreisförmigen Eintrittsfenster eines

Strahlungsdetektors (Glockenzählrohr, Szintillationszähler, Halbleiterdetektor) angeordnet. Unmittelbar vor dem Detektorfenster befindet sich eine Kreisblende. Zwischen Impulsrate und Aktivität besteht der durch (3.26) wiedergegebene Zusammenhang. Im Gesamtwirkungsgrad η sind sieben Korrektionsfaktoren zusammengefaßt, die einzeln ermittelt werden müssen:

$$\dot{n} = \eta A = f_G f_A f_R f_S f_U f_t f_{\text{eff}} A . \tag{3.27}$$

Diese Faktoren werden im folgenden erklärt.

Geometriefaktor f_G. Vom Detektor wird nur der Bruchteil

$$f_G = \frac{\Omega}{4\pi} \tag{3.28}$$

der in den vollen Raumwinkel 4π emittierten Strahlung erfaßt. Ω ist der Raumwinkel, unter dem der Detektor von der Strah-

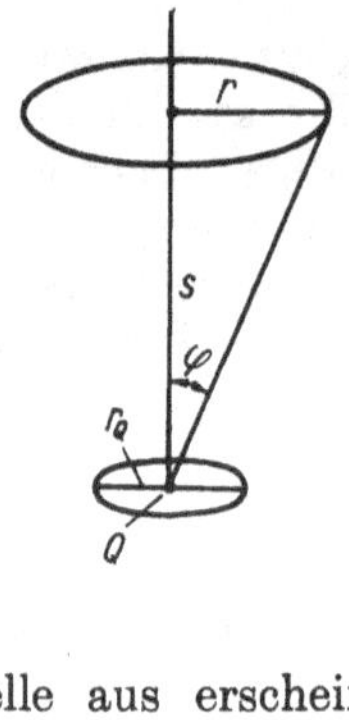

Abb. 39. Punktquelle Q bzw. Kreisflächenquelle (Radius r_Q) im Abstand s gegenüber einer kreisförmigen Detektorblende (Radius r)

lungsquelle aus erscheint. Für eine zentrierte Punktquelle Q (Abb. 39) ergibt sich einfach

$$f_G = \frac{2\pi(1 - \cos\varphi)}{4\pi} = \frac{1}{2}\left(1 - \frac{s}{\sqrt{s^2 + r^2}}\right); \tag{3.29}$$

s — Abstand der Quelle von der Blende, r — Radius der Detektorblende.

Diese Beziehung gilt nur, wenn sich die Quelle auf der Achse der Detektorblende befindet. Liegt eine Kreisflächenquelle mit dem Radius r_Q vor, die axial gegenüber der kreisförmigen Blendenöffnung angeordnet ist (Abb. 39), so kann man für $r_Q \ll r$ folgende Polynomnäherungsformel anwenden:

$$f_G = 0{,}5\left[\left(1 - \frac{1}{w}\right) - \frac{3}{8}\frac{\beta\gamma}{w^5} - \frac{\beta\gamma^2}{64}\left(\frac{15}{w^7} - \frac{35}{w^9}\right)\right.$$

$$\left. - \frac{\beta\gamma^3}{1024}\left(\frac{175}{w^9} - \frac{1050}{w^{11}} + \frac{1155}{w^{13}}\right)\cdots\right] \qquad (3.30)$$

$$\text{mit } \beta = \left(\frac{r}{s}\right)^2, \quad \gamma = \left(\frac{r_Q}{s}\right)^2 \qquad \text{und } w = \sqrt{1+\beta}.$$

(Zur Berechnung von Geometriefaktoren für verschiedene ausgedehnte Quellen vgl.: Prösch, U., M. Luthardt, L. Kolditz: Isotopenpraxis **15** (1979) 297.)

Absorptionsfaktor f_A. Dieser Faktor berücksichtigt die Absorption der Strahlung im Detektorfenster sowie in der Luftschicht zwischen Quelle und Detektor. Näherungsweise läßt sich f_A mit Hilfe des exponentiellen Schwächungsgesetzes (1.65) berechnen:

$$f_A = \frac{\dot{n}_{(x_F + x_L)}}{\dot{n}_0} = e^{-\mu(x_F + x_L)}; \qquad (3.31)$$

μ — Absorptionskoeffizient, x_F, x_L — Dicke des Fensters bzw. der Luftschicht.

Experimentell kann f_A durch Aufnahme einer Absorptionskurve bestimmt werden, indem man die Impulsrate $\dot{n}_0$ bei der Absorberdicke $x = 0$ durch Extrapolation ermittelt.

Rückstreufaktor f_R. Ein Teil der emittierten Strahlung wird an der Unterlage der Quelle gestreut. Der Korrektionsfaktor f_R ergibt sich experimentell aus dem Impulsratenverhältnis mit und ohne Quellenunterlage:

$$f_R = \frac{\dot{n}_x}{\dot{n}_0}; \qquad (3.32)$$

x — Dicke der Unterlage.

Selbstabsorptionsfaktor f_S. In der Strahlungsquelle selbst wird ein Teil der entstehenden Strahlung absorbiert. Diese Selbstabsorption ist besonders bei energiearmen Betastrahlungsquellen großer Dicke ausgeprägt. Der Korrektionsfaktor f_S ist definiert als Verhältnis von gemessener Impulsrate $\dot{n}$ und wahrer Impulsrate $\dot{n}_W$ ohne Selbstabsorption. Er kann experimentell durch

Aufnahme einer Selbstabsorptionskurve oder rechnerisch mit Hilfe der folgenden Näherungsformel bestimmt werden:

$$f_S = \frac{\dot{n}}{\dot{n}_W} = \frac{1 - e^{-\mu x}}{\mu x}; \tag{3.33}$$

μ — Selbstabsorptionskoeffizient, x — Quellendicke.

Einstreufaktor f_U. Aus der Umgebung, insbesondere von den Wänden des Abschirmgehäuses, kann Strahlung eingestreut werden und zum Meßwert beitragen, obwohl sie nicht in Richtung des Detektors emittiert wurde. Durch Auskleidung der Detektorkammer mit einem Material niedriger effektiver Ordnungszahl (Kunststoff) läßt sich die Streuung weitgehend vermeiden ($f_U \approx 1$).

Auflösungszeitfaktor f_t. Bei bekannter Auflösungszeit t_A der Meßanordnung berechnet sich der Korrektionsfaktor nach (3.19).

Nachweiseffektivität f_{eff}. Für β-Strahlung ist die Nachweiseffektivität der meisten Strahlungsdetektoren $f_{eff} \approx 1$.

Einige dieser Korrektionsfaktoren sind schwierig zu erfassen. In das Endergebnis gehen viele Einzelfehler ein, so daß sich mit dieser Zählmethode bestenfalls eine Genauigkeit von 10% erreichen läßt.

4π-Zählung

Die Fehler bei der Bestimmung der im Gesamtwirkungsgrad zusammengefaßten Korrektionsfaktoren werden weitgehend vermieden, wenn man mit einem 4π-Detektor arbeitet, der die emittierte Strahlung allseitig erfaßt ($f_G = 1$). Zur absoluten Aktivitätsmessung von Betastrahlungsquellen benutzt man meist das 4π-β-Gasdurchfluß-Proportionalzählrohr (Abb. 17b). Die radioaktive Quelle befindet sich auf einer dünnen Trägerfolie zwischen beiden Zählrohrhälften. Da die Nachweiseffektivität dieses Zählers $f_{eff} = 1$ beträgt, werden bei parallel geschalteten Zählsystemen nahezu alle ausgesandten Teilchen registriert. Korrektionen für die Absorption und Streuung der Teilchen außerhalb der Quelle und die Streuung an der Trägerfolie entfallen. Bei energiearmen Betastrahlern ($E_{\beta max} < 0{,}4$ MeV) muß lediglich die Selbstabsorption berücksichtigt werden. Gammastrahlung, die gleichzeitig mit der β-Strahlung emittiert wird, erhöht die Impulsrate nicht. Das trifft auch für Konversionselektronen zu, die infolge innerer Konversion der Gammaübergänge entstehen. Die Elektronen und Photonen lösen in Koinzidenz mit den Betateilchen nur einen Zählrohrimpuls je Kernumwandlung aus. Führt jedoch die Betaumwandlung zu einem isomeren Zustand des Folgekerns, dessen Abregung mit der Emission zeitlich verzögerter Konversionselektronen verbunden ist, so muß man die Erhöhung der Impulsrate durch eine entsprechende Korrektion berücksichtigen. Bei absoluten Aktivitätsmessungen energiereicher Betastrahler mit 4π-Zählern wird eine Genauigkeit von etwa 1,5% erreicht.

Messung mit Flüssigkeitsszintillatoren

Absolute Aktivitätsmessungen von Alpha- oder Betastrahlungsquellen sind auch durch Zählung mit flüssigen Szintillatoren (4π-Geometrie) möglich. Die radioaktive Substanz wird im Szintillator gelöst, so daß keine Verluste durch Selbstabsorption auftreten. Infolge des thermischen Rauschens des Photoverviel-

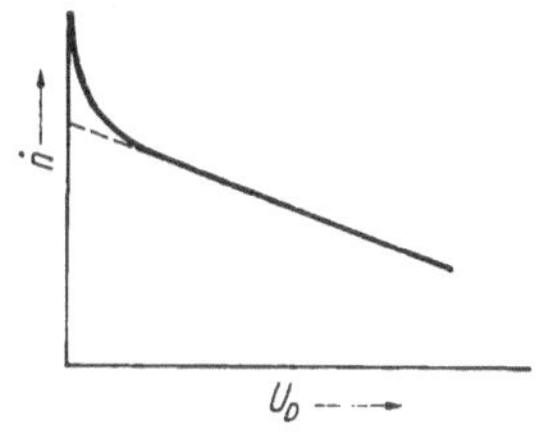

Abb. 40. Aktivitätsmessung mit Flüssigkeitsszintillator; Impulsrate in Abhängigkeit von der Diskriminatorspannung

fachers ist eine Korrektion erforderlich, um die von niederenergetischen Betateilchen (Anfangsteil des Energiespektrums) ausgelösten Impulse zu erfassen. Hierzu wird die Impulsrate bei verschiedenen Diskriminatorspannungen gemessen und der bis zum Eintreten des Rauschens geradlinig verlaufende Kurventeil auf die Diskriminatorspannung Null extrapoliert (Abb. 40).

Koinzidenzmessung

Einige radioaktive Nuklide ($^{24}_{11}Na$, $^{60}_{27}Co$, $^{198}_{79}Au$ u. a.) senden bei jeder Kernumwandlung gleichzeitig mehrere Strahlungsarten aus, z. B. ein β-Teilchen sowie ein Photon oder mehrere Photonen. In diesen Fällen kann zur absoluten Aktivitätsmessung die Koinzidenzmethode angewendet werden. Eine Anordnung zur Zählung des gleichzeitigen Ansprechens eines β- und eines γ-Detektors (β-γ-Koinzidenzen) zeigt Abb. 41. Zur Registrierung der β-Teilchen ist ein Glockenzählrohr oder ein Szintillationszähler mit Plastszintillator geeignet. Die γ-Strahlung wird mit einem NaI : Tl-Szintillationszähler nachgewiesen. Eine Absorberfolie verhindert das Ansprechen des γ-Detektors durch β-Strahlung. Es werden gleichzeitig die β- und γ-Impulsraten sowie die Häufigkeit der β-γ-Koinzidenzen zwischen den Impulsen in beiden Strahlungsdetektoren bestimmt. Bezeichnen η_β und η_γ die Gesamtwirkungs-

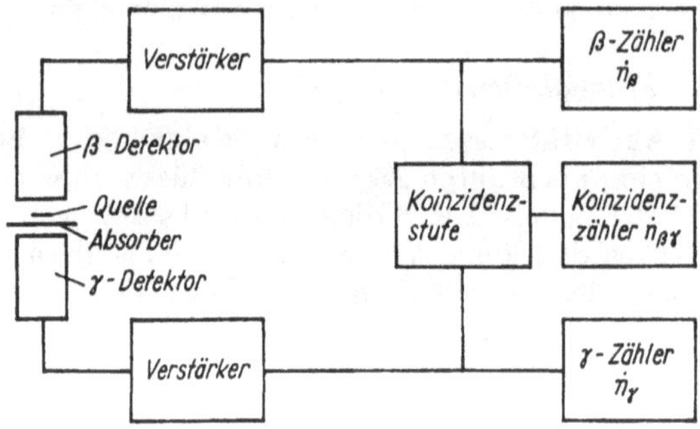

Abb. 41. β-γ-Koinzidenzmeßanordnung zur absoluten Aktivitätsbestimmung

grade der Zählungen, so gelten nach Gleichung (3.26) folgende Beziehungen für die wahren Impulsraten:

$$\dot{n}_{\beta w} = \eta_\beta A, \quad \dot{n}_{\gamma w} = \eta_\gamma A, \quad \dot{n}_{\beta\gamma w} = \eta_\beta \eta_\gamma A. \tag{3.34}$$

Daraus folgt für die Aktivität

$$A = \frac{\dot{n}_{\beta w}\dot{n}_{\gamma w}}{\dot{n}_{\beta\gamma w}}. \tag{3.35}$$

Die gemessenen Impulsraten $\dot{n}_\beta$, $\dot{n}_\gamma$ und $\dot{n}_{\beta\gamma}$ sind hinsichtlich des Nulleffektes $\dot{n}_{\beta 0}$, $\dot{n}_{\gamma 0}$, $\dot{n}_{\beta\gamma 0}$ und zufälliger Koinzidenzen $\dot{n}_z$ zu korrigieren. Die Impulsrate der Zufallskoinzidenzen berechnet sich bei bekannter Auflösungszeit t_A der Koinzidenzstufe gemäß

$$\dot{n}_z = 2 t_A \dot{n}_\beta \dot{n}_\gamma. \tag{3.36}$$

Somit erhält man für die Aktivität

$$A = \frac{(\dot{n}_\beta - \dot{n}_{\beta 0})(\dot{n}_\gamma - \dot{n}_{\gamma 0})}{\dot{n}_{\beta\gamma} - \dot{n}_{\beta\gamma 0} - 2 t_A \dot{n}_\beta \dot{n}_\gamma}. \tag{3.37}$$

Durch die Forderung $\dot{n}_Z < \dot{n}_{\beta\gamma}$ wird bei der Koinzidenzmethode die meßbare Aktivität bei gegebener Auflösungszeit nach oben begrenzt, es gilt:

$$2t_A A < 1. \tag{3.38}$$

Beträgt zum Beispiel die Auflösungszeit der Koinzidenzstufe 1 μs, so muß nach (3.38) die Aktivität kleiner als 0,5 MBq sein.

Wenn ein Nuklid zwei Photonen in einer Kaskade emittiert ($^{24}_{11}$Na, $^{60}_{27}$Co), läßt sich die Aktivität auch durch Messung der γ-γ-Koinzidenzen bestimmen. Bei symmetrischer Anordnung der beiden γ-Detektoren bezüglich der Quelle gilt

$$\dot{n}_{\gamma W} = (\eta_{\gamma 1} + \eta_{\gamma 2})\,A, \quad \dot{n}_{\gamma\gamma W} = 2\eta_{\gamma 1}\eta_{\gamma 2}A. \tag{3.39}$$

Hieraus ergibt sich

$$A = \frac{\dot{n}^2_{\gamma W}}{2\dot{n}_{\gamma\gamma W}}\left[1 - \left(\frac{\eta_{\gamma 1} - \eta_{\gamma 2}}{\eta_{\gamma 1} + \eta_{\gamma 2}}\right)^2\right]. \tag{3.40}$$

Falls sich die Nachweiseffektivitäten der Detektoren für beide Strahlungskomponenten nur wenig unterscheiden, kann der Ausdruck $\left(\frac{\eta_{\gamma 1} - \eta_{\gamma 2}}{\eta_{\gamma 1} + \eta_{\gamma 2}}\right)^2$ vernachlässigt werden, so daß in guter Näherung für die Aktivität folgt:

$$A = \frac{\dot{n}^2_{\gamma W}}{2\dot{n}_{\gamma\gamma W}}. \tag{3.41}$$

Winkelkorrelationen der koinzidierenden Photonenstrahlungen erfordern Korrektionen.

Mit der Koinzidenzmethode sind bei großem Zeitaufwand Genauigkeiten $< 1\%$ erreichbar.

Messung geringer Aktivitäten

Die Bestimmung geringer Aktivitäten erfordert Langzeitmessungen mit Zählanordnungen. Die durch die Probe bewirkte Nettoimpulsrate $\dot{n}_N = \dot{n} - \dot{n}_0$ ist klein gegenüber der Nulleffektimpulsrate $\dot{n}_0$. Grundsätzlich mißt man $\dot{n}$ (Meßzeit t) und $\dot{n}_0$ (Meßzeit t_0) getrennt. Ein Meßsystem für geringe Aktivitäten (*Low-Level-Anordnung*) muß

a) eine hohe Nachweiseffektivität für die zu registrierende Strahlung und

b) einen möglichst niedrigen Nulleffekt

aufweisen. Als Strahlungsdetektoren dienen vorzugsweise Proportional-Gasfüllzählrohre und Flüssigkeitsszintillatoren. Zur Verringerung des Nulleffektes werden die Detektoren in Abschirmkammern angeordnet und zusätzlich mit radioaktivitätsfreiem Altblei, Eisen oder Quecksilber umhüllt. Diese mechanische Abschirmung schwächt die weiche Komponente der kosmischen Strahlung und die Umgebungsstrahlung. Der Einfluß der harten Komponente der kosmischen Strahlung (Myonen) wird durch

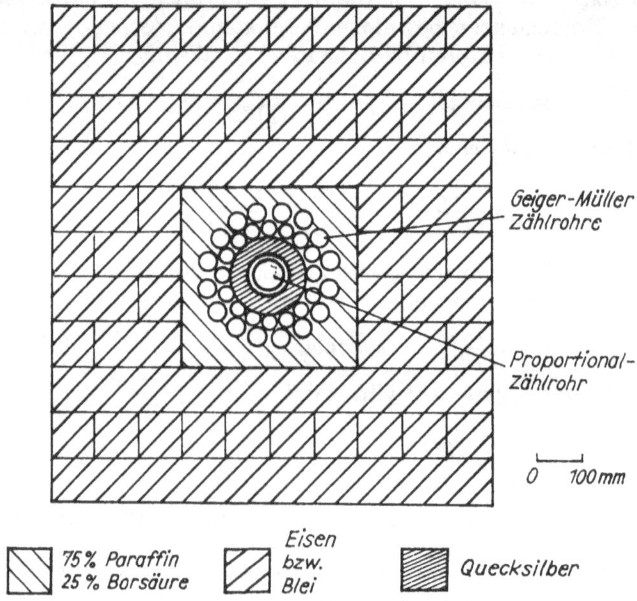

Abb. 42. Low-Level-Aktivitätsmeßanordnung

Antikoinzidenzschaltungen unterdrückt. Man umgibt hierzu den Meßdetektor mit Abschirmdetektoren. Abbildung 42 zeigt einen Schutzring aus parallelgeschalteten Auslösezählrohren. Durchsetzt ein Teilchen der kosmischen Strahlung den Meßdetektor, so spricht auch mindestens ein Schutzzählrohr an. Die Antikoinzidenzschaltung schließt solche Impulse von der Registrierung aus. Man kann den Zählrohrkranz auch durch einen geschlossenen Ringzähler oder einen großen Plastszintillator ersetzen. Die Probe befindet sich entweder direkt im Meßdetektor oder zwischen diesem und dem Antikoinzidenzring.

Bei optimal aufgeteilter Gesamtmeßzeit $t_M = t + t_0$ (s. 3.1.1.) läßt sich die gerade noch statistisch signifikant nachweisbare Aktivität A_{min} näherungsweise abschätzen durch den Ausdruck

$$A_{min} \approx \frac{2\sqrt{\dot{n}_0}}{\eta s_r \sqrt{t_M}}; \tag{3.42}$$

η — Gesamteffektivität der Meßanordnung, s_r — vorgegebene relative Standardabweichung.

3.2.2. *Relative Aktivitätsmessung*

Absolute Aktivitätsmessungen erfordern aufwendige Meßanordnungen und sind in der Regel mit umfangreichen Meßwertkorrektionen verbunden. In der Praxis werden daher oft die unbekannten Aktivitäten A_x von Strahlungsquellen relativ zu Standardquellen bekannter Aktivität A ermittelt. Wenn möglich, sollten nur Quellen desselben radioaktiven Nuklids miteinander verglichen werden. Nach der Beziehung (3.27) ergibt sich für die unbekannte Aktivität

$$A_x = \frac{\eta}{\eta_x} \frac{\dot{n}_x}{\dot{n}} A. \tag{3.43}$$

Man ist bestrebt, die apparativen und geometrischen Bedingungen so einzurichten, daß die Gesamtwirkungsgrade der Zählungen übereinstimmen. Wenn die Quellen auf gleichen Unterlagen vorliegen, dieselbe Form besitzen und die Impulsraten nicht sehr voneinander verschieden sind, vereinfacht sich die Gleichung (3.43) zu

$$A_x = \frac{\dot{n}_x}{\dot{n}} A. \tag{3.44}$$

Unterscheiden sich die Aktivitäten von Meß- und Standardquelle stark, so kann man durch Abstandsvariation oder Verwendung eines Absorbers bei der Messung der stärkeren Quelle erreichen, daß die Impulsraten ungefähr übereinstimmen. Es sind dann allerdings Korrektionen mit den zugehörigen Geometriefaktoren bzw. mit dem Absorptionsfaktor der Absorberschicht erforderlich:

$$A_x = \frac{f_G}{f_{G_x}} \frac{\dot{n}_x}{\dot{n}} A, \tag{3.45}$$

$$A_x = \frac{1}{f_{A_x}} \frac{\dot{n}_x}{\dot{n}} A. \tag{3.46}$$

Befinden sich die Proben desselben Nuklids auf verschiedenen Unterlagen, so ist der Aktivitätsvergleich unter Berücksichtigung der Rückstreufaktoren möglich:

$$A_x = \frac{f_R}{f_{R_x}} \frac{\dot{n}_x}{\dot{n}} A. \tag{3.47}$$

Nicht in jedem Fall sind jedoch Standardquellen desselben Nuklids verfügbar. Insbesondere von vielen kurzlebigen radioaktiven Nukliden lassen sich keine praktisch anwendbaren Standards herstellen. In diesem Fall besteht die Möglichkeit, die Meßanordnung einmalig mit einer geeichten Quelle zu kalibrieren und anschließend lediglich die Konstanz der Meßgeräteempfindlichkeit vor jeder weiteren Messung mit einer langlebigen Kontrollquelle zu überprüfen. Ein grober Vergleich kann unter Umständen auch mit einer Standardquelle eines anderen Nuklids vorgenommen werden. Da eine Reihe von Korrektionsfaktoren (f_A, f_R, f_S, f_{eff}) von der Strahlungsenergie abhängen, sollten die zu vergleichenden Quellen zumindest ähnliche Energiespektren aufweisen. Von Fall zu Fall muß dann entschieden werden, welche Korrektionen nötig sind.

Für relative Aktivitätsmessungen gibt es kein Universalverfahren. Die Meßmethoden richten sich nach der Art und Energie der Strahlung, der Aktivität, dem Aggregatzustand der Quellen sowie der geforderten Meßgenauigkeit. Relative Aktivitätsmessungen sollten stets in der Reihenfolge

Nulleffekt — Standardquelle — Meßquelle —
Standardquelle — Nulleffekt

vorgenommen werden, um den Einfluß eines zeitlichen Ganges der Meßgeräteempfindlichkeit während der Messungen möglichst einzuschränken.

3.3. Energiemessung

Die Bestimmung der Energie direkt und indirekt ionisierender Teilchen (*Spektrometrie*) gehört zu den Grundaufgaben der Strahlungsmeßtechnik. Durch die Ermittlung von Energiespektren erhält man wertvolle Aufschlüsse über die Strahlungsfelder und die sie erzeugenden Strahlungsquellen. Eine Energieanalyse ermöglicht die Identifizierung unbekannter radioaktiver Nuklide und erlaubt Aussagen über die mengenmäßigen Anteile einzelner Nuklide in Gemischen. Spektrometrische Meßmethoden setzt man überall ein, wo mit Quellen ionisierender Strahlung gearbeitet wird. Hauptanwendungsgebiete sind die nukleare Analysenmeßtechnik, die Radiochemie, die Nuklearmedizin und der Strahlenschutz.

Energiebestimmungen sind für alle Strahlungsarten möglich, wobei die Spektrometrie von Gammastrahlung die größte Bedeutung erlangt hat.

Zur Bestimmung der Energie von geladenen Teilchen, Photonen und Neutronen wurden viele Methoden entwickelt. In der praktischen Meßtechnik erfolgt die Energiebestimmung vorwiegend durch *Impulshöhenanalyse* (s. 2.1.2.) mit Einkanal- oder Vielkanalspektrometern. Als Strahlungsdetektoren dienen Impulskammern, Proportionalzählrohre, Szintillationszähler und Halbleiterdetektoren. Wenn die in den Detektor eintretenden Teilchen vollständig im empfindlichen Detektorvolumen absorbiert werden, ist die Impulshöhe ein Maß für ihre Energie. Energieverluste im Detektorfenster und in der emittierenden Quelle müssen durch Korrektionen berücksichtigt werden. Während für geladene Teilchen zwischen Energie und Impulshöhe ein unmittelbarer Zusammenhang besteht, repräsentiert bei ungeladenen Teilchen (Photonen, Neutronen) das Impulshöhenspektrum stets das Energiespektrum der geladenen Sekundärteilchen, die durch Wechselwirkungsprozesse im Detektormaterial entstehen. Das Verfahren der Impulshöhenanalyse ist für alle Strahlungsarten anwendbar.

Eine einfache aber nicht sehr genaue Methode zur Bestimmung der Energie geladener Teilchen beruht auf der Messung ihrer Reichweite in Absorberschichten. Für Elektronen, Betateilchen, Protonen und Alphateilchen sind empirische *Energie-Reichweite-Beziehungen* bekannt. In analoger Weise ist eine grobe Bestimmung der Energie von Gammastrahlung durch die experimentelle Ermittlung von Schwächungskoeffizienten (bzw. von Halbwertschichtdicken) möglich.

Sehr genaue Energiebestimmungen ermöglicht die Ablenkung geladener Teilchen in magnetischen Feldern. Mit *Magnetspektrometern* wird die Impulsverteilung der von einer Strahlungsquelle ausgehenden Teilchen registriert. Diese Methode ist besonders zur Spektrometrie von Betateilchen geeignet.

Durch Messung der Teilchengeschwindigkeit nach der *Flugzeitmethode* wird die Energie sowohl geladener Teilchen als auch von Neutronen bestimmt. Bei energiereichen geladenen Teilchen kann man die Geschwindigkeit auch unter Ausnutzung des ČERENKOV-*Effektes* (s. 2.2.2.) ermitteln.

Auf der Beugung von Röntgenstrahlung, energiearmer γ-Strahlung und langsamer Neutronen am Raumgitter von Kristallen beruht die *Diffraktionsspektrometrie.*

Zur Neutronenspektrometrie sind auch *Aktivierungssonden* (s. 2.3.3.) geeignet, die allerdings nur eine geringe Energieauflösung besitzen. Im folgenden werden Methoden der Energiebestimmung geladener und ungeladener Teilchen behandelt, die im Hinblick auf praktische Anwendungen von besonderem Interesse sind.

3.3.1. Photonenspektrometrie

Das bekannteste Verfahren der Photonenspektrometrie ist die *Impulshöhenanalyse* mit Detektoren, die energieproportionale Signale liefern. Sie beruht auf der Energiebestimmung der durch Photo-, COMPTON- und Paarbildungseffekt ausgelösten Sekundärelektronen. Aus der Energie der Elektronen läßt sich die Photonenenergie mit bekannten Beziehungen ermitteln (s. 1.4.2.). Im Impulshöhenspektrum erscheint jedoch selbst dann keine scharfe Linie, wenn monoenergetische Photonenstrahlung die Energie restlos an das Detektormedium abgibt. Auf Grund der unterschiedlichen Zahl primärer Ladungsträger oder Lumineszenzlichtquanten, die von Teilchen gleicher Energie erzeugt werden, sowie weiterer statistischer Schwankungserscheinungen, entsteht eine Impulshöhenverteilung. Sie hat die Form einer GAUSS-Kurve. Die Kalibrierung in Energieeinheiten erfolgt mit Hilfe bekannter Röntgen- oder Gammalinien. Wichtige spektrometrische Detektorkenngrößen sind die *Halbwertbreite*[1] $(\Delta E)_{\mathrm{HWB}}$ der verbreiterten Energielinie (Vollenergiepeak) oder die

$$\textit{Energieauflösung} = \frac{(\Delta E)_{\mathrm{HWB}}}{E_\gamma} \cdot 100\,\%. \tag{3.48}$$

Gewöhnlich werden diese Größen für die γ-Linien von $^{137}_{55}\mathrm{Cs}/^{137}_{56}\mathrm{Ba}^{m}$ ($E_\gamma = 661$ keV) oder $^{60}_{27}\mathrm{Co}$ ($E_\gamma = 1332$ keV) angegeben. Bei spektrometrischen Messungen sollte die Energieauflösung kleiner als 10% sein. Neben dem für die Photonenenergie E_γ charakteristischen *Vollenergiepeak* treten infolge der Strahlungswechselwirkung mit dem Detektor und dem Umgebungsmaterial (Abschir-

[1]) In der englischsprachigen Literatur als „full width half maximum = FWHM" bezeichnet. $(\Delta E)_{\mathrm{HWB}} = 2{,}35\,s$ (s Standardabweichung).

mung, Wände) meist weitere, mehr oder weniger ausgeprägte, Maxima auf. Sie erschweren die Auswertung und Interpretation überlagerter Spektren.

Spektrometrie mit Szintillationszählern

Szintillationszähler werden in Verbindung mit Einkanal- oder Vielkanalimpulshöhenanalysatoren zur Photonenspektrometrie oberhalb 100 keV verwendet. Als Szintillatoren dienen wegen der hohen effektiven Ordnungszahl und der großen Lichtausbeute meist NaI : Tl-Einkristalle. Die Energieauflösung dieser Detektoren liegt zwischen 8 und 10%. Im folgenden wird ein Überblick über die Vielzahl der prinzipiell möglichen Linien gegeben.

Photoeffekt

In NaI : Tl dominiert der Photoeffekt bis zu einer Photonenenergie von etwa 200 keV. Meist werden Elektronen aus den K-Schalen der Iodatome abgelöst. Bei der Auffüllung der erzeugten Lücken durch Elektronen aus höheren Schalen entsteht entweder die Röntgen-K-Strahlung des Iods mit der Energie $E_{K,\mathrm{Iod}} = 28{,}5$ keV, oder es werden AUGER-Elektronen emittiert. Verbleibt die Energie der Photoelektronen und die Energie der Sekundärstrahlung im Szintillator, so erscheint im Impulshöhenspektrum bei E_γ tatsächlich eine Vollenergiespitze, der sogenannte *Photopeak.* Die charakteristische Röntgenstrahlung kann aber auch ohne Wechselwirkung aus den Randschichten des Kristalls entweichen. Man beobachtet dann ein zweites Maximum, den *Photo-Escape-peak* (Röntgenverlustspitze) bei

$$E_{\mathrm{Escape}} = E_\gamma - E_{K,\mathrm{Iod}}. \tag{3.49}$$

Diese Linie ist nur bei energiearmer Photonenstrahlung ($E_\gamma \lesssim 150$ keV) getrennt vom Photopeak wahrnehmbar (Abb. 43). Sie wächst mit abnehmender Kristallgröße.

COMPTON-*Effekt*

Im Energiebereich von 200 keV bis 5 MeV überwiegt der COMPTON-Effekt. Wenn die COMPTON-Elektronen ihre Energie an den Szintillator abgeben und die gestreuten Photonen durch Photoeffekt absorbiert werden, erscheint im Spektrum wieder der Vollenergiepeak. Bei dünnen Kristallen ist jedoch die Wahrscheinlichkeit groß, daß die gestreuten Photonen austreten. Die

Impulshöhenverteilung entspricht dann der Energieverteilung der COMPTON-Elektronen. Sie liegt auf Grund der möglichen Streuwinkel (0° bis 180°) zwischen Null und einer von der Photonenenergie abhängigen Maximalenergie

$$(E_e)_{max} = E_C = \frac{E_\gamma}{1 + \frac{m_{e0}c_0^2}{2E_\gamma}}. \quad (3.50)$$

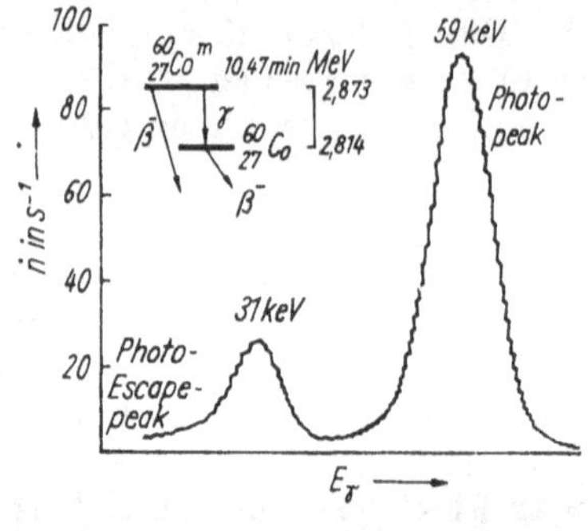

Abb. 43. Impulshöhenspektrum der γ-Strahlung von $^{60}_{27}Co^m$

Im Spektrum erscheint daher kein Peak, sondern unterhalb der COMPTON-*Kante* E_C eine kontinuierliche Energieverteilung, das COMPTON-*Kontinuum* (Abb. 44).

Primäre Photonen können den Kristall auch ohne Wechselwirkung durchdringen und nach COMPTON-Streuung an Umgebungsmaterialien (Streuwinkel $\approx$ 180°) wieder eintreten. Werden sie durch Photoeffekt absorbiert, so überlagert sich dem COMPTON-Kontinuum bei

$$E_R = E_\gamma - E_C \quad (3.51)$$

ein *Rückstreupeak.*

Zur Unterdrückung des oft störenden COMPTON-Kontinuums dienen spezielle Meßanordnungen. Naheliegend ist die Verwendung großvolumiger Kristalle. Auf sie wird die Primärstrahlungsenergie fast vollständig übertragen (Totalabsorptionsspektrometer). Eine weitere Möglichkeit bilden Anordnungen mit zwei Szintillationszählern in Antikoinzidenzschaltung. Hiermit werden COMPTON-Elektronen und gestreute Photonen in verschiedenen Detektoren von der Messung ausgeschlossen (COMPTON-Antikoinzidenzspektrometer).

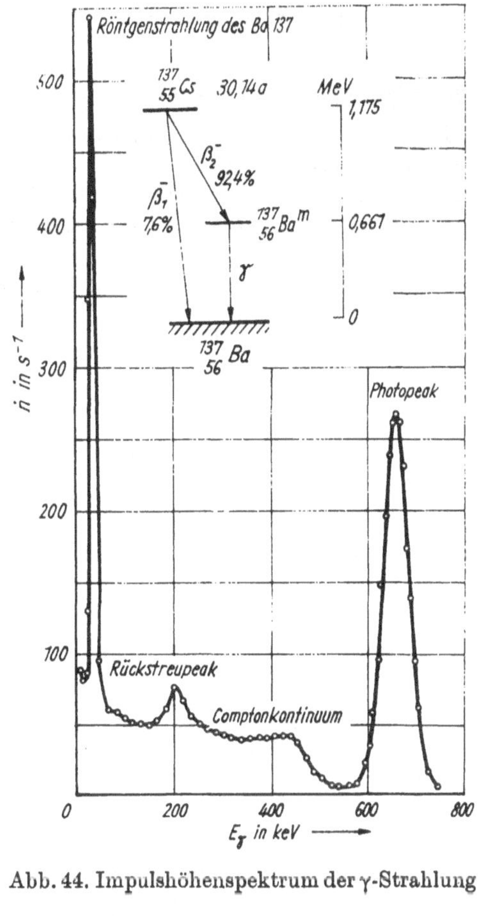

Abb. 44. Impulshöhenspektrum der γ-Strahlung von $^{137}_{55}Cs/^{137}_{56}Ba^m$

Paarbildungseffekt

Übertrifft die Photonenenergie den Wert $E_\gamma = 2\,m_{e0}c_0^2 = 1{,}022$ MeV, so kann der Paarbildungseffekt auftreten. Das Elektron gibt seine Energie an den Szintillator ab. Bei der Abbremsung des Positrons entsteht durch Vereinigung mit einem Elektron Vernichtungsstrahlung in Form zweier Photonen. Ihre Energie beträgt jeweils $E_\gamma = m_{e0}c_0^2 = 0{,}511$ MeV. Verbleibt die Energie beider Photonen im Kristall, so ergibt sich der Vollenergiepeak.

Durch Entweichen eines Vernichtungsphotons oder beider Photonen erscheint bei

$$E_1 = E_\gamma - m_{e0}c_0^2 \quad \text{und} \quad E_2 = E_\gamma - 2m_{e0}c_0^2 \tag{3.52}$$

der *Einfach-Escapepeak* bzw. der *Doppel-Escapepeak* (Abb. 45). Hinzu treten die COMPTON-Verteilungen der Primärphotonen und der Vernichtungsstrahlung. Außerdem beeinflußt die von den Paarelektronen erzeugte *Bremsstrahlung* das gemessene Spektrum.

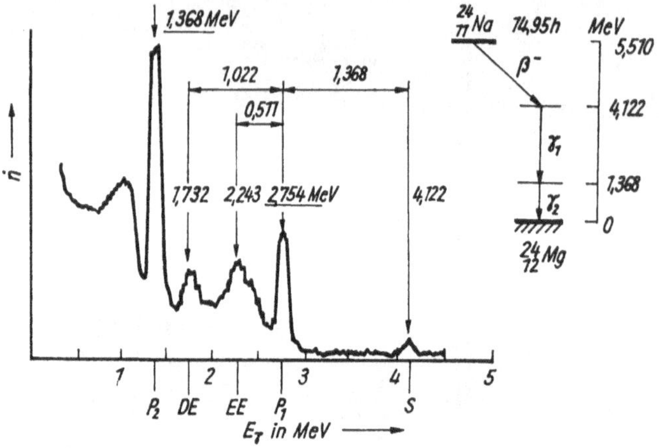

Abb. 45. Impulshöhenspektrum der γ-Strahlung von $^{24}_{11}$Na
P Photopeak, EE Einfach-Escapepeak, DE Doppel-Escapepeak, S Summenpeak

Summenpeak

Emittieren radioaktive Nuklide bei jeder Umwandlung zwei oder mehrere Photonen gleichzeitig bzw. gering verzögert, so können wegen der begrenzten Zeitauflösung der Meßanordnung durch Addition der Signale Summenpeaks zustande kommen (Abb. 45). Die Wahrscheinlichkeit dafür wächst mit der Szintillatorgröße.

Spektrometrie mit Halbleiterdetektoren

Für die Spektrometrie von Röntgen- und Gammastrahlung sind Lithiumdriftdetektoren und HPGe-Detektoren mit großen empfindlichen Volumina geeignet (s. 2.1.4.). Während Ge(Li)- und HPGe-Detektoren wegen der verhältnismäßig hohen Ordnungszahl des Germaniums ($Z = 32$) für den Photonenenergiebereich zwischen 10 keV und 10 MeV Verwendung finden, sind Li-Drift-Detektoren aus Silicium ($Z = 14$) nur zur Spektrometrie energiearmer Strahlung (1 keV bis 100 keV) einsetzbar. Halbleiterdetektoren zeichnen sich gegenüber Szintillationszählern in erster Linie durch ihre um mehr als eine Größenordnung bessere Energieauflösung aus. Maßgebend dafür ist der geringe mittlere Energieaufwand $\overline{W}_i$ zur Bildung eines Elektron-Defektelektron-Paares (s. Tab. 6). Für eine monoenergetische Strahlung ist der theoretische Bestwert der Energieauflösung durch die Beziehung

$$\frac{(\Delta E)_{\mathrm{HWB}}}{E_\gamma} = 2{,}35 \sqrt{F \frac{\overline{W}_i}{E_\gamma}} \tag{3.53}$$

gegeben.
Hierin ist $F < 1$ der sogenannte FANO-Faktor[1]) (s. Tab. 6). Darüber hinaus wird die Energieauflösung durch das Verstärker- und das Detektorrauschen beeinflußt.

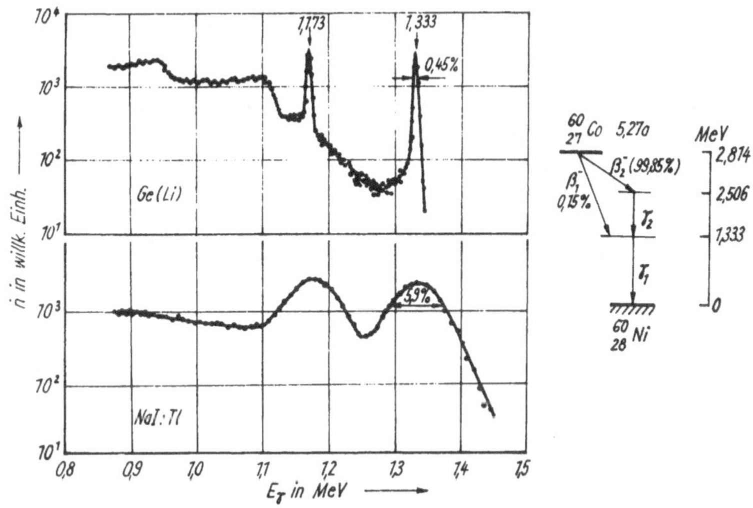

Abb. 46. Vergleich der mit Ge(Li)-Detektor (oben) und NaI : Tl-Szintillationszähler (unten) aufgenommenen Impulshöhenspektren der γ-Strahlung von $^{60}_{27}$Co

---

[1]) Der FANO-Faktor F berücksichtigt, daß die Zahl der gebildeten Ladungsträgerpaare in Ionisationsdetektoren weniger fluktuiert, als der POISSON-Verteilung entspricht. Bei ideal zufälligem Verhalten wäre $F = 1$.

In Abb. 46 sind zum Vergleich die mit einem NaI : Tl-Kristall und einem gekühlten Ge(Li)-Detektor aufgenommenen γ-Spektren von $^{60}_{27}Co$ wiedergegeben. In der Struktur entsprechen einander die mit beiden Detektorarten gewonnenen Spektren. Halbleiterdetektoren liefern aber schärfere Photopeaks mit wesentlich kleineren Halbwertbreiten, die sich deutlich vom Untergrund abheben. Der Nachweis energiereicher Photonenstrahlung erfolgt bevorzugt auf der Grundlage des Paarbildungseffektes. Wegen der relativ geringen Größe der Halbleiterkristalle entweichen aber meist beide Vernichtungsphotonen, so daß nur der Doppel-Escapepeak bei $E_\gamma - 2m_{e0}c_0^2$ erscheint.

Der hohen Energieauflösung von Halbleiterdetektoren steht ihre geringe Nachweiseffektivität nachteilig gegenüber. Deshalb werden zur Messung schwacher Strahlungsquellen Szintillationszähler bevorzugt.

Spektrometrie mit Proportionalzählrohren

Abgeschlossene Proportionalzählrohre sind zur Spektrometrie energiearmer γ- und Röntgenstrahlung mit Photonenenergien $E_\gamma < 100$ keV einsetzbar. Die Strahlung tritt durch dünne Fenster aus Glimmer, Aluminium oder Beryllium in das Zählrohrinnere ein. Der Energiemeßbereich kann bis unter 1 keV ausgedehnt werden. Als Zählgas dient meist eine Mischung aus 90% Argon und 10% Methan. Werden die einfallenden Photonen im Füllgas durch Photoeffekt absorbiert, so erscheinen im Impulshöhenspektrum Photopeaks sowie die entsprechenden Photo-Escapespitzen. Letztere sind wegen der kleinen K-Fluoreszenzausbeute des Argons nur schwach ausgeprägt.

Die Energieauflösung wird im wesentlichen durch statistische Schwankungen in der Anzahl der durch monoenergetische Teilchen erzeugten Ladungsträgerpaare und durch Änderung der Gasverstärkung beeinflußt. Das Verstärkerrauschen spielt nur eine untergeordnete Rolle. Für praktische Abschätzungen kann die Beziehung (3.53) zugrunde gelegt werden. Es ist mit $F = 0{,}2$ und $\overline{W}_i = 26{,}2$ eV zu rechnen. Proportionalzählrohre haben unterhalb von 75 keV eine zwei- bis dreimal bessere Energieauflösung als gute Szintillationsspektrometer.

3.3.2. *Betaspektrometrie*

Betaspektrometer dienen zur Messung der kontinuierlichen Energieverteilung der β-Strahlung radioaktiver Nuklide sowie zur Bestimmung der Energien monoenergetischer Konversions- und

Photoelektronen. Die größte Energieauflösung wird mit Magnetspektrometern erreicht. Der Geräteaufwand ist hierbei jedoch erheblich. Außerdem benötigt man starke Strahlungsquellen.

Zur Lösung praktischer Aufgaben werden Szintillationszähler, Halbleiterdetektoren und Proportionalzählrohre in Verbindung mit Impulshöhenanalysatoren bevorzugt. Wenn nicht die Kenntnis der vollständigen Spektren erforderlich ist, genügen mitunter auch einfache Reichweitemessungen.

Schwierigkeiten können sich bei der β-Spektrometrie durch Energieverluste und Streueffekte in der Strahlungsquelle ergeben. Es empfiehlt sich daher, sehr dünne Präparate und Unterlagen zu verwenden. Zusätzliche γ-Komponenten erschweren oft die Spektrenauswertung. Die Identifizierung unbekannter β-Strahler in Nuklidgemischen erfordert große Erfahrungen.

Spektrometrie mit Szintillationszählern

NaI : Tl besitzt zwar ein große Lichtausbeute und gute Energieauflösung für Elektronen, ist jedoch zur β-Spektrometrie ungeeignet. Auf Grund der hohen effektiven Ordnungszahl werden etwa 80% der eingestrahlten Teilchen nach unvollständiger Energieabgabe wieder aus den Kristallen herausgestreut. Bei organischen Szintillatoren beträgt dagegen der Anteil rückgestreuter Teilchen nur ca. 8%. Man verwendet daher meist Anthracenkristalle oder Plastszintillatoren. Es ist allerdings zu beachten, daß bei diesen Detektoren die Linearität zwischen emittierter Lichtmenge und absorbierter Elektronenenergie erst oberhalb 100 keV beginnt.

Szintillationszähler sind in einem großen Bereich (einige 10 keV bis einige GeV) zur Messung der Energie von Elektronen geeignet. Die Energieauflösung liegt zwischen 5 und 20%.

Spektrometrie mit Halbleiterdetektoren

Für energiearme Elektronen und β-Teilchen ($E < 700$ keV) können p-n-Detektoren und Oberflächensperrschichtdetektoren verwendet werden. Zur Spektrometrie energiereicher Teilchen sind gekühlte Si(Li)-Detektoren mit breiter Raumladungszone (> 1 mm) erforderlich. Die hohe Ordnungszahl von Silicium ($Z = 14$) bewirkt eine stärkere Vielfachstreuung der Elektronen als in organischen Szintillatoren. Im Impulshöhenspektrum einer monoenergetischen Elektronenstrahlung erscheint daher selbst dann ein Vollenergiepeak, wenn die Teilchenreichweite die Dicke der empfindlichen Schicht übertrifft. Andererseits entsteht auch bei einer Reichweite, die größer als die Dicke der Raumladungszone ist, infolge unvollständiger Absorption der Elektronen eine kontinuierliche Verteilung, die sich vom Vollenergiepeak bis zu sehr kleinen Impulshöhen erstreckt.

Spektrometrie mit Proportionalzählrohren

Proportionalzählrohre mit Füllgasdrücken in der Größenordnung des Normdruckes werden zur Energiebestimmung niederenergetischer β- und Elektronenstrahlung unterhalb von 100 keV (Reichweite < 30 mm) verwendet. Die Elektronenbahnen müssen im empfindlichen Volumen enden. Feste Strahlungsquellen bringt man auf dünnen Trägerfolien im Zählrohrinnenraum an. Wesentlich günstiger ist allerdings die Messung von Betastrahlungsquellen (^3_1H, $^{14}_6C$, $^{35}_{16}S$, $^{37}_{18}Ar$ u. a.) im gasförmigen Zustand, weil dann Absorptions- und Streueffekte entfallen. Zur Bestimmung höherer Energien sind Hochdruckzählrohre erforderlich. Man kann auch zylindrische Proportionalzählrohre so in Magnetfeldern (Flußdichte einige hundert mT) anordnen, daß die Feldlinien parallel zum Zähldraht verlaufen. Die Elektronen bewegen sich dann auf spiralförmiger Bahn und legen einen längeren Weg zurück.

Magnetspektrometer

Am genauesten kann man die Energie von Elektronen und β-Teilchen durch magnetische Ablenkung im Vakuum ermitteln. In einem homogenen Magnetfeld bewegen sich senkrecht zu den Feldlinien eingeschossene geladene Teilchen auf kreisförmigen Bahnen. Mit Hilfe der Grundgleichung

$$p = e_0 B r, \tag{3.54}$$

B — magnetische Flußdichte, r — Krümmungsradius der Teilchenbahn, ergibt sich der Elektronenimpuls p. Oft verwendet man richtungsfokussierende Spektrometer, beispielsweise *Halbkreisspektrometer* (Abb. 47). Es gibt Anordnungen mit konstantem Magnetfeld, die Elektronen unterschiedlicher Energie gleichzeitig an verschiedenen Punkten einer Photoplatte oder Detektorbatterie sammeln. Bei anderen Apparaturen werden durch stetige Änderung der magnetischen Flußdichte Elektronen verschiedener Energie im gleichen Punkt fokussiert und mit einem Strahlungsdetektor registriert. Die Auflösung eines Magnetspektrometers ist als Verhältnis $\Delta(Br)/Br$ definiert. Es werden Werte zwischen 0,2% ($E_\beta \approx 100$ keV) und 0,01% ($E_\beta \approx 2$ MeV) erreicht.

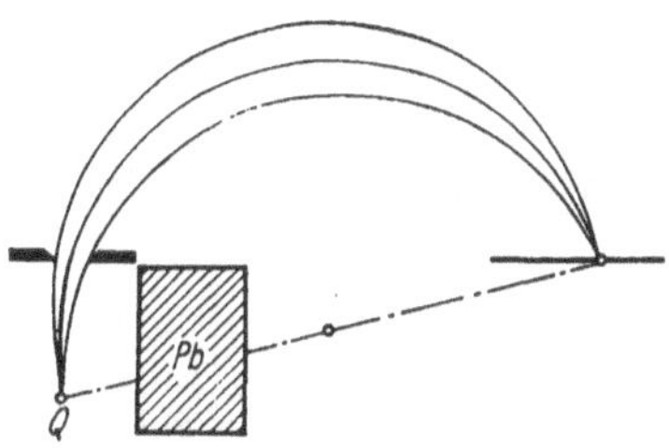

Abb. 47. Halbkreisspektrometer (schematisch)

Reichweitemessung

Abbildung 48 zeigt den Verlauf typischer Absorptionskurven für monoenergetische Elektronen und β-Strahlung. Als Absorbermaterial dient meist Aluminium. Aus derartigen Kurven kann man die *praktische Reichweite* R_p monoenergetischer Elektronen bzw. die *maximale Reichweite* R_{max} von β-Strahlung entnehmen. Mit Hilfe empirischer Reichweite-Energie-Beziehungen ergibt sich daraus die Anfangsenergie E_e der Elektronen bzw. die maximale Energie $E_{\beta max}$ der β-Teilchen. In Tab. 16 sind verschiedene Näherungsformeln zusammengestellt.

3.3.3. *Alphaspektrometrie*

Das Spektrum der α-Strahlung besteht ähnlich wie das der γ-Strahlung aus einzelnen diskreten Linien. Die Energiemessung erfolgt vorwiegend durch Analyse der Impulshöhenverteilung in

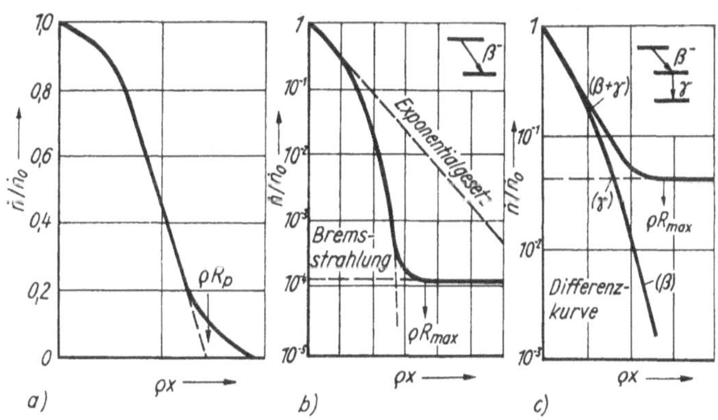

Abb. 48. Typische Absorptionskurven (schematisch)
(a) monoenergetische Elektronen,
(b) reine β-Strahlung mit einfachem Energiespektrum,
(c) β-Strahlung mit einfachem Energiespektrum und γ-Anteil

Tabelle 16

Reichweite-Energie-Beziehung für β-Strahlung und monoenergetische Elektronen

Autor	Reichweite-Energie-Beziehung ϱR in kg/m², E in MeV	Gültigkeitsbereich
Feather	$\varrho R_{max} = 5{,}43 E_{\beta\,max} - 1{,}60$	$E_{\beta\,max} > 0{,}8$ MeV
Glendenin	$\varrho R_{max} = 5{,}42 E_{\beta\,max} - 1{,}33$	$E_{\beta\,max} > 0{,}8$ MeV
	$\varrho R_{max} = 4{,}07 E_{\beta\,max}^{1{,}38}$	$0{,}15\ \mathrm{MeV} < E_{\beta\,max} < 0{,}8$ MeV
Bleuler und Zünti	$\varrho R_{max} = 5{,}71 E_{\beta\,max} - 1{,}61$	$E_{\beta\,max} > 1$ MeV
Weber	$\varrho R_{max} = 5 E_{\beta\,max} \left(1 - \frac{0{,}983}{1 + 4{,}3 E_{\beta\,max}}\right)$	$0{,}003\ \mathrm{MeV} < E_{\beta\,max} < 3$ MeV
Flammersfeld	$\varrho R_{max} = 1{,}1 \left(\sqrt{1 + 22{,}4 E_{\beta\,max}^2} - 1\right)$	$0 < E_{\beta\,max} < 3$ MeV
Glocker	$\varrho R_p = 0{,}65 \left(\sqrt{1 + 53{,}6 E_e^2} - 1\right)$	$0{,}01\ \mathrm{MeV} < E_e < 3$ MeV
Katz und Penfold	$\varrho R_p = 5{,}3 E_e - 1{,}06$	$0{,}5\ \mathrm{MeV} < E_e < 30$ MeV

Szintillationszählern und Halbleiterdetektoren. Eine wichtige Voraussetzung für die α-Spektrometrie ist die Vermeidung jeglicher Absorptionsverluste. Es müssen daher Detektoren mit sehr dünnen Fenstern oder fensterlose Detektoren verwendet werden. Die Meßpräparate dürfen nur eine sehr geringe Schichtdicke besitzen.

Spektrometrie mit Szintillationszählern

Zur α-Spektrometrie ($E_\alpha = 4$ bis 10 MeV) kommen anorganische Kristalle und flüssige organische Szintillatoren in Frage. Am häufigsten werden dünne (0,5 mm) Szintillatorscheiben aus CsI : Tl verwendet, die im Gegensatz zu NaI : Tl nicht hygroskopisch sind, so daß man auf eine Kapselung verzichten kann. Szintillator und Strahlungsquelle befinden sich in einer evakuierbaren Kammer. Es wird eine Energieauflösung von etwa 8% erzielt. Eine zweite Möglichkeit besteht darin, die radioaktive Substanz in einem Flüssigkeitsszintillator aufzulösen. Man erreicht dadurch zwar eine 100%ige Nachweiseffektivität, die Energieauflösung beträgt jedoch nur 20%.

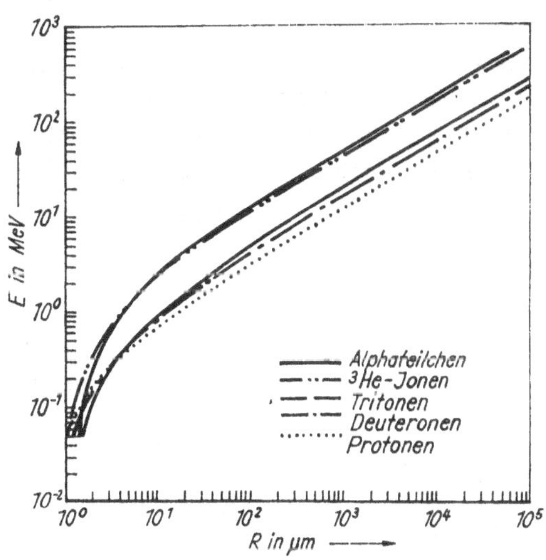

Abb. 49. Reichweite schwerer geladener Teilchen in Silicium als Funktion der Teilchenenergie

Spektrometrie mit Halbleiterdetektoren

Am besten lassen sich Energiemessungen an α-Teilchen und anderen schweren Ionen mit Halbleiterdetektoren durchführen. Vornehmlich werden Oberflächensperrschichtdetektoren, *p-n*-Detektoren und Si(Li)-Detektoren mit dünnen Strahlungseintrittsfenstern benutzt. Die Energieabgabe sollte vollständig im empfindlichen Detektorvolumen stattfinden. Die hierfür erforderlichen Sperrschichtdicken sind Reichweite-Energie-Kurven zu entnehmen (Abb. 49). Um Energieverluste der α-Teilchen weitgehend auszuschließen, werden die Detektoren und die Strahlungsquellen grundsätzlich in Vakuumkammern angeordnet. Die besonderen Vorteile von Halbleiterdetektoren gegenüber Szintillationszählern bestehen in ihrer strengen Energieproportionalität und der hohen Energieauflösung (0,5 bis 1%) im Energiebereich von 4 bis 10 MeV.

3.3.4. *Neutronenspektrometrie*

Zur Bestimmung der Energie von Neutronen existieren mehrere Verfahren, die sich für bestimmte Energiebereiche (s. 1.2.4.) eignen. Sie beruhen auf folgenden physikalischen Erscheinungen:

a) Erzeugung geladener Sekundärteilchen bei neutroneninduzierten Kernreaktionen,
b) Bildung von Rückstoßprotonen bei der elastischen Neutronenstreuung in wasserstoffhaltigen Materialien,
c) Beugung und Reflexion von Neutronen an Kristallen,
d) geradlinige gleichförmige Bewegung von Neutronen im Vakuum.

Für eine grobe Ermittlung der Neutronenenergie kann auch die Aktivierungsmethode (s. 2.3.3.) benutzt werden.

Messung geladener Sekundärteilchen

Die Bestimmung der Neutronenenergie durch Messung der Energie geladener Sekundärteilchen beruht auf den Kernreaktionen (1.70) und (1.71). Proportionalzählrohre mit $^3_2$He-Füllung dienen zur Neutronenspektrometrie im Energiebereich von etwa 0,1 MeV bis 1 MeV. Es wird die Gesamtimpulshöhe der gleichzeitig ausgelösten Impulse der Sekundärteilchen der Reaktion (1.70) mit den Energien

$$E_{\mathrm{p}} + E_{^3\mathrm{H}} = E_{\mathrm{n}} + 0{,}764\ \mathrm{MeV}$$

gemessen. Oberhalb von 1 MeV versagt das Verfahren, weil $^3_2$He-Kerne durch die Konkurrenzreaktion

$$^3_2\text{He}(\text{n, n})\,^3_2\text{He}$$

selbst zuviel kinetische Energie übernehmen. Die Ermittlung der Neutronenenergie ist dann nicht mehr eindeutig möglich. Mit dem ^{3}He-Proportionalzählrohr erzielt man eine Energieauflösung zwischen 5 und 10%.

Die Kernreaktion (1.71) am $^6_3$Li ist im Bereich von 10 keV bis 8 MeV zur Neutronenspektrometrie verwendbar. Die Konvertersubstanz $^6_3$LiF wird auf eine dünne Folie aufgedampft und zwischen zwei Oberflächensperrschichtdetektoren (Sandwich-Spektrometer) angeordnet. Im Spektrum der Summenimpulse beider Detektoren erscheint ein Peak bei der Energie

$$E_\alpha + E_{3\text{H}} = E_\text{n} + 4{,}79\ \text{MeV}.$$

Die Energieauflösung des ^{6}Li-Spektrometers liegt bei 10%, die Nachweiseffektivität ist gering ($\approx 10^{-6}$).

Es gibt auch Halbleiterdetektorspektrometer in Zwillingsbauweise, die mit $^3_2$He-Gasradiatoren arbeiten. Sie zählen die erzeugten Protonen und Tritonen in Koinzidenz, so daß $^3_2$He-Rückstoßkerne vom Nachweis ausgeschlossen sind.

Rückstoßprotonenspektrometer

Am häufigsten wird zur Energiebestimmung schneller Neutronen (s. 1.2.4.) die Methode der Rückstoßprotonenspektrometrie angewendet. Die Grundlage hierfür bildet der Zusammenhang zwischen der Energie der Rückstoßprotonen und der Neutronenenergie. Im nichtrelativistischen Fall folgt aus Gleichung (1.68) mit $m_\text{n} \approx m_\text{p}$ die Beziehung

$$E_\text{p} = E_\text{n} \cos^2 \varphi\,. \tag{3.55}$$

Demzufolge liegt die Protonenenergie zwischen Null und der Neutronenenergie. Am einfachsten ergibt sich das Neutronenspektrum aus der Energieverteilung der in einen bestimmten Winkel gestreuten Rückstoßprotonen. Wenn man den differentiellen Streuquerschnitt als Funktion des Winkels und der Neutronenenergie kennt, kann man das Neutronenspektrum auch aus der Energieverteilung der in alle Richtungen gestreuten Protonen ermitteln.

Als Radiatorsubstanzen dienen in Rückstoßprotonenspektrometern wasserstoffhaltige Zählgase, organische Szintillatoren, dünne Kunststoffolien oder Photoschichten. Zum Protonennachweis werden Proportionalzählrohre, Szintillationszähler, Halbleiterdetektoren und Kernspuremulsionen eingesetzt. Mit Rückstoßprotonenspektrometern ist eine Energieauflösung von etwa 10% erreichbar.

Kristallspektrometrie

Neutronenstrahlung der Energie E_n besitzt die Wellenlänge

$$\lambda = \frac{h}{\sqrt{2m_n E_n}}. \tag{3.56}$$

Liegt die Neutronenenergie unterhalb von 10 eV, so fällt λ in den Bereich der Röntgenstrahlung. Man beobachtet daher für beide Strahlungsarten an Kristallen ähnliche Reflexions- und Beugungserscheinungen. Dringen Neutronen in einen Kristall ein, so werden sie an den Atomen gestreut. Die austretenden Wellen verstärken sich durch Interferenz, wenn die BRAGGsche Reflexionsbedingung erfüllt ist:

$$2d \sin \vartheta = n\lambda; \tag{3.57}$$

ϑ — Winkel zwischen der Einfallsrichtung der Neutronen und den parallelen Netzebenen, d — Abstand der Netzebenen, $n = 1, 2, 3, \ldots$ — Ordnung der Reflexion.

Durch Messung der reflektierten Neutronen in Abhängigkeit von ϑ kann man daher das Wellenlängenspektrum bestimmen. Mit Hilfe von Gleichung (3.56) ergibt sich daraus das Energiespektrum der Neutronen. Als Kristalle benutzt man meist LiF oder Beryllium. Die Energieauflösung ist gegeben durch

$$\frac{\Delta E_n}{E_n} = 2 \cot \vartheta \Delta\vartheta; \tag{3.58}$$

$\Delta\vartheta$ — Winkeldivergenz.

Im Energiebereich von 0,01 eV bis 0,1 eV wurden mit Kristallspektrometern Energieauflösungen < 1,5% erreicht.

Flugzeitspektrometer

Bei bekannter Masse kann man aus der Flugzeit t eines Teilchens für eine vorgegebene Meßstrecke s die Teilchenenergie bestimmen. Besonders für die Spektrometrie von Neutronen im Energiebereich von 10^{-2} eV bis 10 MeV hat diese Methode große Bedeutung erlangt. Die Neutronenflugzeit hängt mit der Flugstrecke und der Energie wie folgt zusammen:

$$t = \frac{s}{v} = \frac{s}{\sqrt{\frac{2E_n}{m_n}}}. \tag{3.59}$$

Sie muß mit geringem Fehler $\Delta t \ll t$ bestimmt werden. Meist wird die Impulsquellenmethode angewandt. Mittels gepulster Quellen (Impulsreaktor, Neutronengenerator) oder mit Choppern werden Neutronenimpulse erzeugt. Die Neutronen eines Paketes starten gleichzeitig, erreichen aber je nach ihrer Energie den Detektor am Ende der Flugstrecke zu unterschiedlichen Zeiten. Der Detektor arbeitet synchron mit der Impulsfrequenz und ist mit einem Vielkanalanalysator gekoppelt. Um eine hohe Zeitauflösung zu erzielen, werden Szintillationszähler mit organischen Szintillatoren eingesetzt.

Der relative Fehler der Geschwindigkeitsmessung ergibt sich aus (3.59) zu

$$\frac{\Delta v}{v} = \frac{v}{s}\,\Delta t = \frac{\Delta t}{t}. \tag{3.60}$$

Damit erhält man für die Energieauflösung eines Flugzeitspektrometers

$$\frac{\Delta E_n}{E_n} \approx \frac{2}{s}\sqrt{\frac{2E_n}{m_n}}\,\Delta t. \tag{3.61}$$

3.4. Halbwertzeitmessung

Die Halbwertzeitanalyse ist eine einfache Methode zur Identifizierung unbekannter radioaktiver Nuklide. Sie wird mitunter in Ergänzung spektrometrischer Verfahren in der Strahlenschutzmeßtechnik angewendet. Für die Kernphysik sind Halbwertzeit- bzw. Lebensdauermessungen angeregter Kernniveaus von großer Bedeutung.

3.4.1. Analyse von Umwandlungskurven

Halbwertzeiten, die zwischen einigen Sekunden und etwa einem Jahr liegen, können unmittelbar durch Aufnahme von Umwandlungskurven bestimmt werden. Hierzu muß man die von einer

Quelle emittierte Strahlung in geeigneten Zeitabständen unter konstanten Meßbedingungen mit einem Detektor registrieren. Während der Dauer der gesamten Meßserie darf sich die Probe nicht verändern. Aktivitätsverluste durch mechanische Beschädigung, Abdampfen der radioaktiven Substanz oder Eindiffundieren in die Unterlage müssen vermieden werden.

Halbwertzeit eines isolierten Nuklids

Die Anzahl der Atome bzw. die Aktivität einer isolierten radioaktiven Substanz nimmt nach dem Umwandlungsgesetz (1.21) exponentiell mit der Zeit ab. Man trägt die Impulsrate nach Korrektion von Zählverlusten und dem Abzug des Nulleffektes zweckmäßig logarithmisch als Funktion der Zeit auf. Es ergibt sich eine

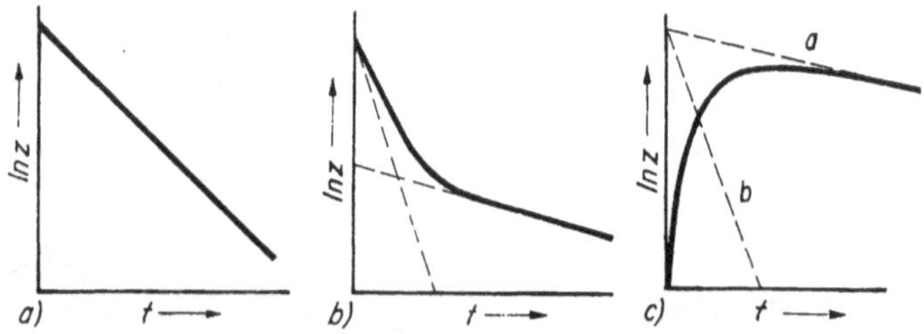

Abb. 50. Zur graphischen Bestimmung von Halbwertzeiten aus Umwandlungskurven
(a) isoliertes radioaktives Nuklid,
(b) zwei genetisch unabhängige radioaktive Nuklide,
(c) zwei aufeinanderfolgende radioaktive Nuklide

Gerade (Abb. 50a). Wählt man darauf zwei weit voneinander entfernte Punkte so aus, daß sich die zugehörigen Impulsraten um den Faktor 2^δ (δ ganzzahlig) unterscheiden, dann entspricht das Zeitintervall zwischen diesen Punkten $\delta T_{1/2}$.

Halbwertzeiten genetisch unabhängiger Nuklide

Enthält eine Strahlungsquelle mehrere genetisch voneinander unabhängige Nuklide, so ergibt sich eine komplexe Umwandlungskurve. Unterscheiden sich die Halbwertzeiten der Nuklide hinreichend stark voneinander, so lassen sich die Komponenten graphisch trennen und die einzelnen Halbwertzeiten bestimmen. Abb. 50b zeigt dieses Verfahren am Beispiel eines Gemisches zweier radioaktiver Nuklide. Man mißt so lange, bis nur noch die exponentielle Abnahme der langlebigen Komponente erfaßt wird. Durch Extrapolation der entsprechenden Geraden und Differenzbildung ergibt sich die Umwandlungskurve des kurzlebigen Nuklids. Den Teilgeraden können die beiden Halbwertzeiten entnommen werden.

Halbwertzeiten genetisch abhängiger Nuklide

Wenn durch die Umwandlung einer radioaktiven Muttersubstanz eine radioaktive Tochtersubstanz entsteht, ist unter Umständen eine graphische Bestimmung der Halbwertzeiten möglich. Abb. 50c zeigt die Umwandlungskurven von zwei aufeinanderfolgenden radioaktiven Nukliden. Gelingt es, die Strahlung der Tochtersubstanz allein zu messen, so ergibt sich in halblogarithmischer Darstellung ein Kurvenverlauf, der für Zeiten, die groß gegenüber der kürzeren Halbwertzeit sind, in eine Gerade übergeht (Kurve a). Durch Extrapolation dieser Geraden und Substraktion der gemessenen Kurve erhält man eine weitere Gerade (Kurve b). Aus den Neigungen beider Geraden können die Halbwertzeiten des kürzer- und längerlebigen Nuklids bestimmt werden.

3.4.2. *Messung sehr langer Halbwertzeiten*

Halbwertzeiten, die groß im Vergleich zur möglichen Meßdauer sind, lassen sich nicht durch die Aufnahme von Umwandlungskurven ermitteln. Zur Bestimmung sehr langer Halbwertzeiten eignen sich verschiedene andere Verfahren.

Ist die Masse aller radioaktiven Atome in einem Präparat durch Wägung bekannt, so errechnet sich die Halbwertzeit nach einer Absolutmessung der Aktivität mit Hilfe von Gleichung (1.23).

Bei radioaktiven Nukliden, die sich im Dauergleichgewicht befinden, verhalten sich die Halbwertzeiten wie die Massen:

$$\frac{T_{1/2(1)}}{T_{1/2(2)}} = \frac{m_1}{m_2} \frac{A_{r(1)}}{A_{r(2)}}. \tag{3.62}$$

Das Massenverhältnis von Mutter- und Tochtersubstanz kann mit dem Massenspektrometer oder nach chemischer Trennung bestimmt werden. Läßt sich die kürzere Halbwertzeit messen, so ergibt sich die des langlebigen Nuklids nach Gleichung (3.62).

Eine grobe Abschätzung der Halbwertzeiten von α- und β-Strahlern ist in einigen Fällen auf der Grundlage bekannter empirischer Beziehungen zwischen Umwandlungskonstante und Umwandlungsenergie möglich:

GEIGER-NUTTAL-Regel
für α-Strahler: $$\ln \lambda = k_1 + k_2 \ln E_\alpha, \qquad (3.63)$$

SARGENT-Regel für
β-Strahler $$\lambda = k_3 E_{\beta\max}^5; \qquad (3.64)$$

k_1 bis k_3—Konstanten.

3.4.3. *Messung sehr kurzer Halbwertzeiten*

Halbwertzeiten radioaktiver Nuklide bis herab zu 10^{-2} s werden mittels mehrerer Detektoren bestimmt, an denen man die Strahlungsquelle auf einem Transportband vorbeiführt. Aus der Bandgeschwindigkeit und dem Detektorabstand läßt sich $T_{1/2}$ berechnen.

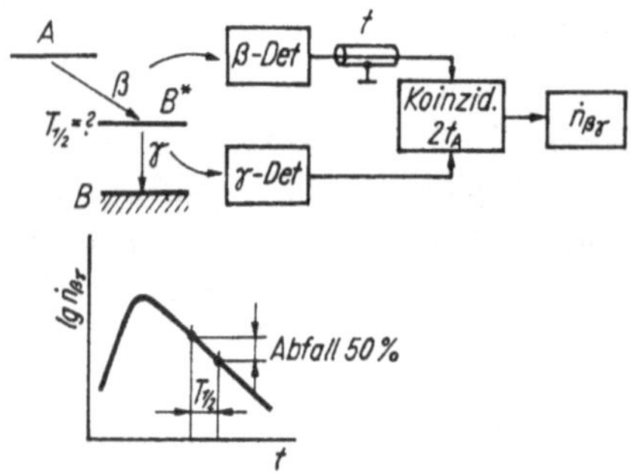

Abb. 51. Zur Halbwertzeitbestimmung angeregter Kernniveaus nach der Methode der verzögerten Koinzidenzen

Sehr kurze Halbwertzeiten von Nukliden und angeregten Kernzuständen, die durch Umwandlung von Mutternukliden entstehen, mißt man mit elektronischen Verfahren. Der Zeitbereich von etwa 10^{-6} bis 10^{-11} s wird mit der Methode der „verzögerten Koinzidenzen" erfaßt. Abb. 51 veranschaulicht dieses Verfahren. Aus dem Mutterkern A entsteht durch β^--Umwandlung der angeregte Tochterkern B^*, dessen mittlere Lebensdauer oder Halbwertzeit bestimmt werden soll. B^* geht unter Emission von γ-Strahlung in den Grundzustand B über. Als Meßvorrichtung ist die in Abb. 41

dargestellte Koinzidenzapparatur geeignet, wenn man die Impulse des β-Detektors mit Hilfe einer zusätzlichen Verzögerungsleitung (Koaxialkabel) um einen vorgegebenen Zeitbetrag t verzögert. Die Koinzidenzschaltung erfaßt dann von allen registrierten Ereignissen nur diejenigen, bei denen die individuelle Lebensdauer des Anregungszustandes gerade zwischen $(t - t_A)$ und $(t + t_A)$ liegt. Hierbei ist t_A die Auflösungszeit der Koinzidenzapparatur. Falls $2t_A$ klein gegenüber t ist, ergibt sich unmittelbar die Abklingkurve von B^*, wenn man die Koinzidenzrate logarithmisch über der variablen Verzögerungszeit aufträgt.

Anstelle dieser einkanaligen Meßmethode werden heute vorwiegend vielkanalige Verfahren benutzt. Man ersetzt die Koinzidenzschaltung durch einen Zeit-Impulshöhen-Konverter, der Ausgangsimpulse liefert, deren Höhe linear vom Zeitabstand der Signale abhängt, die beide Strahlungsdetektoren abgeben. In Verbindung mit einem Vielkanalimpulshöhenanalysator gewinnt man die gesamte Abklingkurve in einer einzigen Messung.

3.5. Dosismessung

Die Dosimetrie verfolgt das Ziel, die durch ionisierende Strahlung auf stoffliche Materie übertragene Energie zu bestimmen. Diese ist für physikalische, chemische und biologische Strahlungswirkungen maßgebend. Die physikalischen Meßgrößen sind die *Energiedosis* und die *Energiedosisleistung* (s. 1.3.3.). Die Methoden der Dosismessung haben sich aus den Bedürfnissen der Medizin und des Strahlenschutzes entwickelt. Durch die Fortschritte der Kerntechnik und die breite Anwendung von Quellen ionisierender Strahlung ergibt sich die Notwendigkeit, auch auf zahlreichen anderen Gebieten Dosisgrößen zu ermitteln. Eine Übersicht über die Aufgaben und Meßbereiche der Dosimetrie gibt Tab. 17.

3.5.1. Sondenmethode

Um die Energiedosis oder die Energiedosisleistung bestimmen zu können, ist man auf Strahlungseffekte in Substanzen angewiesen, die dosis- bzw. dosisleistungsabhängige Meßwerte liefern. Im allgemeinen ist das bestrahlte Material, in dem eine Dosisgröße bestimmt werden soll, nicht mit der Substanz identisch, in der ein meßbarer Effekt erzeugt wird. Aus diesem Grunde wurde die *Sondenmethode* entwickelt. Unter einer dosimetrischen Sonde

Tabelle 17

Aufgaben der Dosimetrie ionisierender Strahlung

Gebiet		Meßbereich	Detektoren[2])	Strahlungsarten	Genauigkeit %
Strahlenschutzdosimetrie	Routine-Personendosimetrie	10^{-4} bis 1 Gy[1])	PE, IK, TLD, FSD	Röntgen, γ, β, n	10 bis 20
	Ortsdosimetrie	10^{-10} bis 10^{-2} Gy/s	IK, ZR, SZ	γ, n	10 bis 20
	Unfalldosimetrie	10^{-1} bis 10 Gy	PE, TLD, FSD, AS	γ, n	10
	militärische Dosimetrie	10^{-1} bis 10 Gy; 10^{-8} bis 10^{-3} Gy/s	TLD, IK, ZR, SZ, CD	γ, n	20
klinische und strahlenbiologische Dosimetrie	Strahlentherapie	10^{-1} bis 10^{2} Gy	IK, TLD, SZ	Röntgen, γ, β, e, n	5
	Strahlenbiologie	10^{-1} bis 10^{5} Gy	IK, TLD, CD	Röntgen, γ, e, n	5 bis 10
strahlentechnische Dosimetrie	Strahlenchemie	10^{2} bis 10^{6} Gy	IK, TLD, CD	γ, e	10
	Strahlensterilisation	10^{4} bis 10^{5} Gy	IK, CD, TLD, K	γ, e	10
	Lebensmittelbestrahlung	10^{2} bis 10^{4} Gy	IK, CD, TLD, K	Röntgen, γ, e	10
Umgebungsdosimetrie	Überwachung kerntechnischer Anlagen	10^{-6} bis 10^{-2} Gy	TLD	γ	10

[1]) In der Personen-Routinedosimetrie wird zur Beurteilung des Strahlenrisikos anstatt der Energiedosis D die Äquivalentdosis $D_q = qD$ (Einheit: Sievert Sv) verwendet. Der von der Strahlungsqualität abhängige Bewertungsfaktor q ist eine dimensionslose Zahl ($q = 1$ für Röntgen und γ-Strahlung, β-Teilchen und Elektronen; $q = 3$ für thermische Neutronen; $q = 10$ für schnelle Neutronen; $q = 20$ für α-Teilchen und schwere Ionen).

[2]) Abkürzungen: PE Photoemulsionen, IK Ionisationskammern, TLD Thermolumineszenzdetektoren, FSD Festkörperspurdetektoren, ZR Zählrohre, SZ Szintillationszähler, AS Aktivierungssonden, CD Chemische Detektoren, K Kalorimeter.

versteht man einen Strahlungsdetektor mit einem empfindlichen Volumen, das von einer Substanz (Gas, Festkörper, Flüssigkeit) ausgefüllt ist, die bei Strahlungseinwirkung eine gut nachweisbare Reaktion zeigt. Diese Sonde wird an den Ort $\boldsymbol{r}$ im Material gebracht, an dem die Energiedosis oder Energiedosisleistung bestimmt werden soll (Abb. 52). Aus dem von der Sonde angezeigten

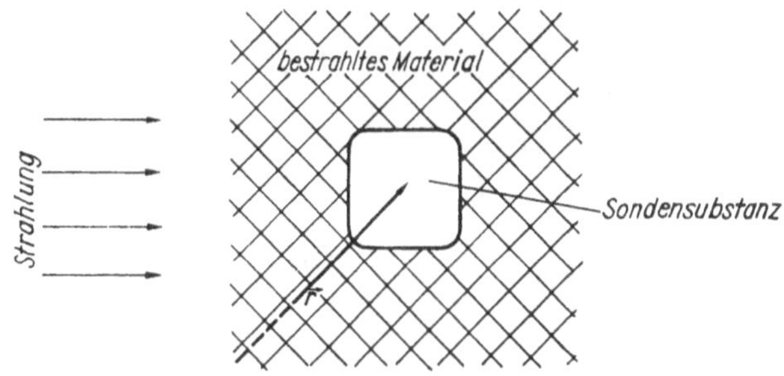

Abb. 52. Zur Veranschaulichung der Sondenmethode

Meßwert kann man auf die Energiedosis D_S oder die Energiedosisleistung $\dot{D}_S$ in der Sonde schließen. Unter bestimmten Bedingungen ergibt sich hieraus die Dosisgröße (D_M bzw. $\dot{D}_M$), die bei Abwesenheit der Sonde am Ort $\boldsymbol{r}$ im Material erzeugt würde. Wenn am Meßort und in der Sonde *Sekundärteilchengleichgewicht* herrscht, oder die Bragg-Gray-*Bedingungen* erfüllt sind, bestehen einfache mathematische Beziehungen zwischen D_S und D_M (bzw. $\dot{D}_S$ und $\dot{D}_M$). Man geht also in folgenden Schritten vor:

$$\mathrm{M} \to D_S \text{ (bzw. } \dot{D}_S) \to D_M \text{ (bzw. } \dot{D}_M).$$

Für den Spezialfall der Identität von bestrahltem Material und Sondensubstanz gilt $D_S = D_M$ (bzw. $\dot{D}_S = \dot{D}_M$).

3.5.2. *Sekundärteilchengleichgewicht*

Das *Sekundärteilchengleichgewicht* stellt in Primärstrahlungsfeldern indirekt ionisierender Teilchen (Photonen, Neutronen) den wichtigsten Fall dar, für den die Berechnung von D_M (bzw. $\dot{D}_M$) aus D_S (bzw. $\dot{D}_S$) einfach möglich ist. Sekundärteilchengleichgewicht liegt am Ort $\boldsymbol{r}$ in einem Medium vor, wenn die Summe der kinetischen Energien aller in ein Volumenelement eintretenden geladenen Sekundärteilchen gleich der Summe der kinetischen

Energien aller aus dem Volumenelement austretenden Sekundärteilchen ist. Abbildung 53 veranschaulicht das Sekundärelektronengleichgewicht in einem Photonenstrahlungsfeld. Von Photonen werden an den Stellen ○ innerhalb und außerhalb des Volumenelements Sekundärelektronen e_1 bis e_4 erzeugt. Diese

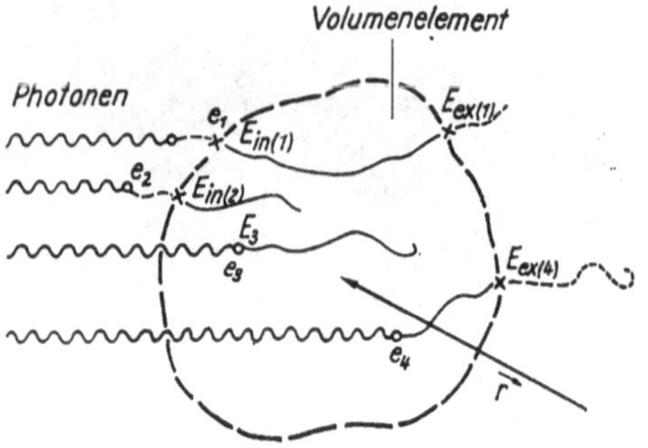

Abb. 53. Zur Veranschaulichung des Sekundärelektronengleichgewichtes

treten mit den Energien $E_{\text{in}(1)}$ und $E_{\text{in}(2)}$ in das Volumenelement ein und verlassen dieses mit den Energien $E_{\text{ex}(1)}$ und $E_{\text{ex}(4)}$. Es muß gelten:

$$E_{\text{in}(1)} + E_{\text{in}(2)} = E_{\text{ex}(1)} + E_{\text{ex}(4)}.$$

Sekundärteilchengleichgewicht besteht am Ort $\boldsymbol{r}$, wenn

a) die Fluenz (bzw. Flußdichte), das Energiespektrum und die Richtungsverteilung der Primärteilchen und

b) die Wechselwirkungskoeffizienten Strahlung-Stoff (Massen-Energieabsorptionskoeffizient bzw. Massen-Bremsvermögen) für Primär- und Sekundärteilchen

in dem Gebiet räumlich konstant sind, aus dem geladene Sekundärteilchen in das Volumenelement am Ort $\boldsymbol{r}$ gelangen können. Diese Bedingungen lassen sich in Materialien homogener atomarer Zusammensetzung näherungsweise erfüllen, wenn sich das Primärstrahlungsfeld innerhalb eines Raumbereichs, dessen Abmessungen mit der maximalen Reichweite der Sekundärteilchen vergleichbar sind, nur geringfügig verändert. Die Schwächungslänge $1/\mu$ (μ — linearer Schwächungskoeffizient, s. 1.4.2.) bzw. die Reichweite der Primärteilchen muß dann wenigstens 10 mal so groß wie die mittlere Reichweite der Sekundärteilchen sein. Im Falle von Photonenstrahlung ist diese Voraussetzung für Sekundärelektronengleichgewicht in Stoffen kleiner effektiver Ordnungszahl (Luft, Wasser, biologisches Gewebe) bis zu Energien von etwa 3 MeV erfüllt.

Bei Sekundärteilchengleichgewicht gelten die folgenden Beziehungen zwischen Energiedosis und Energiefluenz sowie zwischen Energiedosisleistung und Energieflußdichte:

$$D = \frac{\mu_{en}}{\varrho} \Psi, \tag{3.65}$$

$$\dot{D} = \frac{\mu_{en}}{\varrho} \psi. \tag{3.66}$$

Auf ihnen beruht die Dosimetrie mit *Gleichgewichtssonden*. Eine Gleichgewichtssonde zeichnet sich dadurch aus, daß abgesehen von einer Randzone im ganzen Sondenvolumen Sekundärteilchengleichgewicht herrscht. Liegt bei Abwesenheit der Sonde am Meßort im bestrahlten Material ebenfalls Sekundärteilchengleichgewicht vor, so gelten die Gleichungen (3.65) und (3.66) sowohl für das Material als auch für die Meßsubstanz der Sonde. Man kann dann schreiben

$$D_M = \frac{\left(\frac{\mu_{en}}{\varrho}\right)_M \Psi}{\left(\frac{\mu_{en}}{\varrho}\right)_S \Psi} D_S = \frac{\left(\frac{\mu_{en}}{\varrho}\right)_M}{\left(\frac{\mu_{en}}{\varrho}\right)_S} D_S \tag{3.67}$$

und

$$\dot{D}_M = \frac{\left(\frac{\mu_{en}}{\varrho}\right)_M \psi}{\left(\frac{\mu_{en}}{\varrho}\right)_S \psi} \dot{D}_S = \frac{\left(\frac{\mu_{en}}{\varrho}\right)_M}{\left(\frac{\mu_{en}}{\varrho}\right)_S} \dot{D}_S. \tag{3.68}$$

Die Massen-Energieabsorptionskoeffizienten μ_{en}/ϱ (s. 1.4.2.) sind von der Energie der indirekt ionisierenden Teilchen abhängig. Da man das Energiespektrum der Primärstrahlung meist nicht kennt, ist man bestrebt, dem Verhältnis der Massen-Energieabsorptionskoeffizienten in den Gleichungen (3.67) und (3.68) einen energieunabhängigen Wert zu geben. Das erreicht man durch eine möglichst gute Angleichung der atomaren Zusammensetzung der Sonde an die atomare Zusammensetzung des bestrahlten

Materials. Gleichgewichtssonden (z. B. Gleichgewichtsionisationskammern) werden vorwiegend zur Dosimetrie von Photonenstrahlung mit Energien bis 3 MeV verwendet.

3.5.3. BRAGG-GRAY-*Prinzip*

Bei hohen Teilchenenergien werden Energiedosis- und Energiedosisleistungsmessungen bevorzugt auf der Grundlage des BRAGG-GRAY-*Prinzips* ausgeführt. BRAGG-GRAY-*Sonden* kann man im Gegensatz zu Gleichgewichtssonden sowohl in Primärstrahlungsfeldern indirekt als auch direkt ionisierender Teilchen einsetzen. Eine Sonde erfüllt die BRAGG-GRAY-Bedingungen, wenn

a) die Fluenz (bzw. Flußdichte), das Energiespektrum und die Richtungsverteilung der geladenen Teilchen in der Sonde räumlich konstant und gleich der Fluenz (bzw. Flußdichte), dem Energiespektrum und der Richtungsverteilung der geladenen Teilchen am Meßort im bestrahlten Material (bei Abwesenheit der Sonde) sind und

b) die von indirekt ionisierenden Teilchen in der Sonde freigesetzten geladenen Sekundärteilchen nicht zur Energiedosis in der Sonde beitragen.

Aus diesen Bedingungen geht hervor, daß BRAGG-GRAY-Sonden nur sehr kleine Meßvolumina besitzen dürfen. Die linearen Sondenabmessungen sollen ein Zehntel der mittleren Reichweite der geladenen Teilchen nicht überschreiten und klein im Vergleich zur Schwächungslänge $1/\mu$ der ungeladenen Teilchen sein.
Die Energieübertragung auf die Meßsubstanz einer BRAGG-GRAY-Sonde erfolgt ausschließlich durch geladene Teilchen. Sie läßt sich mit Hilfe des Massen-Stoßbremsvermögens $S_{\text{Stoß}}/\varrho$ (s. 1.4.1.) beschreiben. Es wird angenommen, daß jedes geladene Teilchen beim Durchqueren eines Volumenelements durch Stöße mit Hüllenelektronen infolge Ionisierung und Anregung einen bestimmten Energiebetrag abgibt, der vollständig in diesem Volumenelement verbleibt. Zwischen der Energiedosis und der Fluenz monoenergetischer geladener Teilchen bzw. zwischen der Energiedosisleistung und der Flußdichte gelten daher die Beziehungen

$$D = \left(\frac{S_{\text{Stoß}}}{\varrho}\right) \Phi, \tag{3.69}$$

$$\dot{D} = \left(\frac{S_{\text{Stoß}}}{\varrho}\right) \varphi. \tag{3.70}$$

Somit ergeben sich unter BRAGG-GRAY-Bedingungen folgende wichtige Gleichungen, welche die Energiedosis (bzw. Energiedosisleistung) an einer Stelle im bestrahlten Material mit der Energiedosis (bzw. Energiedosisleistung) in einer Sonde, die an diese Stelle gebracht wird, verbinden:

$$D_{\mathrm{M}} = \frac{\left(\frac{S_{\mathrm{Stoß}}}{\varrho}\right)_{\mathrm{M}} \Phi}{\left(\frac{S_{\mathrm{Stoß}}}{\varrho}\right)_{\mathrm{S}} \Phi} D_{\mathrm{S}} = \frac{\left(\frac{S_{\mathrm{Stoß}}}{\varrho}\right)_{\mathrm{M}}}{\left(\frac{S_{\mathrm{Stoß}}}{\varrho}\right)_{\mathrm{S}}} D_{\mathrm{S}} \tag{3.71}$$

und

$$\dot{D}_{\mathrm{M}} = \frac{\left(\frac{S_{\mathrm{Stoß}}}{\varrho}\right)_{\mathrm{M}} \varphi}{\left(\frac{S_{\mathrm{Stoß}}}{\varrho}\right)_{\mathrm{S}} \varphi} \dot{D}_{\mathrm{S}} = \frac{\left(\frac{S_{\mathrm{Stoß}}}{\varrho}\right)_{\mathrm{M}}}{\left(\frac{S_{\mathrm{Stoß}}}{\varrho}\right)_{\mathrm{S}}} \dot{D}_{\mathrm{S}}. \tag{3.72}$$

Kleine BRAGG-GRAY-Sonden (z. B. Hohlraumionisationskammern) mit sehr dünnen Wänden oder Wänden aus umgebungsäquivalentem Material werden bevorzugt zur Dosimetrie von Photonen- oder Elektronenstrahlung im Energiebereich von 0,1 MeV bis 100 MeV eingesetzt. In Photonenstrahlungsfeldern läßt sich oberhalb 3 MeV Sekundärelektronengleichgewicht nicht mehr verwirklichen, so daß Energiedosis- und Energiedosisleistungsmessungen energiereicher Photonenstrahlung nur mit Hilfe von BRAGG-GRAY-Sonden möglich sind.

Literaturverzeichnis

ABEND, K., E. VOGELSANG: Nukleare Elektronik, Verlag Karl Thiemig, München 1973.

ABRAMOV, A. I.: Grundlagen der experimentellen Methoden der Kernphysik (in Russ.), Atomizdat, Moskau 1977.

ALLKOFER, O. C.: Teilchen-Detektoren, Verlag Karl Thiemig, München 1971.

ATTIX, F. H., W. C. ROESCH: Radiation Dosimetry, Vol. II Instrumentation, Academic Press, New York/London 1966.

BÄCHMANN, K.: Messung radioaktiver Nuklide, Verlag Chemie, Weinheim 1970.

BALDIN, S. A.: Angewandte Spektroskopie mit Halbleiterdetektoren (in Russ.), Atomizdat, Moskau 1974.

BECKER, K.: Solid-State Dosimetry, CRC Press, Cleveland, Ohio 1973.

BECKER, K., A. SCHARMANN: Einführung in die Festkörperdosimetrie, Verlag Karl Thiemig, München 1975.

BECKURTS, K. H., K. WIRTZ: Neutron Physics, Springer-Verlag, Berlin, Göttingen, Heidelberg, New York 1964.

BIRKS, J. B.: The Theory and Practice of Scintillation Counting, Pergamon Press, Oxford 1964.

BÜKER, H.: Theorie und Praxis der Halbleiterdetektoren für Kernstrahlung, Springer-Verlag, Berlin 1971.

DEME, S.: Semiconductor Detectors for Nuclear Radiation Measurement, Akadémiai Kiadó, Budapest 1971.

DÖRSCHEL, B., L. HERFORTH: Neutronen-Personendosimetrie, VEB Deutscher Verlag der Wissenschaften, Berlin 1979, und Birkhäuser-Verlag, Basel 1979.

FENYVES, E., O. HAIMAN: The Physical Principles of Nuclear Radiation Measurements, Akadémiai Kiadó, Budapest 1969.

FISCHER, H., G. WERNER: Autoradiographie, Walter de Gruyter, Berlin 1971.

FLEISCHER, R. L., P. B. PRICE, R. M. WALKER: Nuclear Tracks in Solids, Principles and Applications, University of California Press, Berkeley Los Angeles, London 1975, und Energoizdat, Moskau 1981.

FRANK, M., W. STOLZ: Festkörperdosimetrie ionisierender Strahlung, BSB B. G. Teubner Verlagsgesellschaft, Leipzig 1969; Verlag Chemie, Weinheim 1969, und Atomizdat, Moskau 1973.

GRIMSEHL, E.: Lehrbuch der Physik, Bd. IV: Struktur der Materie, BSB B. G. Teubner Verlagsgesellschaft, Leipzig 1975.

HANLE, W. (Hrsg.): Isotopentechnik, Verlag Karl Thiemig, München 1976.

HARTMANN, W. (Hrsg.): Meßverfahren unter Anwendung ionisierender Strahlung, Akademische Verlagsgesellschaft, Geest & Portig K.-G., Leipzig 1969.

HERFORTH, L., K. HÜBNER, H. KOCH: Praktikum der Radioaktivität und Radiochemie, VEB Deutscher Verlag der Wissenschaften, Berlin 1981, und Birkhäuser-Verlag, Basel 1981 sowie Izd. MIR, Moskau 1984.

HERTZ, G. (Hrsg.): Lehrbuch der Kernphysik, Band I, Experimentelle Verfahren, BSB B. G. Teubner Verlagsgesellschaft, Leipzig 1966.

HOROWITZ, Y. S. (Ed.): Thermoluminescence and Thermoluminescent Dosimetry, CRC-Press 1984.

JAEGER, R. G., W. HÜBNER (Hrsg.): Dosimetrie und Strahlenschutz, Georg Thieme Verlag, Stuttgart 1974.

KIEFER, H., R. MAUSHART: Strahlenschutzmeßtechnik, Verlag G. Braun, Karlsruhe 1964.

KIEFER, H., R. MAUSHART: Radiation Protection Measurements, Pergamon Press, Oxford 1972.

KLEINKNECHT, K.: Detektoren für Teilchenstrahlung, BSB B. G. Teubner Verlagsgesellschaft, Stuttgart 1984.

KLUMPAR, J.: Metrologie ionizujiciho zareni a radionuklidu, Academia, Prag 1976.

KNOLL, G. F.: Radiation Detection and Measurement, John Wiley & Sons, Chichester 1979.

KOHLRAUSCH, F.: Praktische Physik, Bd. 2, B. G. Teubner, Stuttgart 1968.

KOWALSKI, E.: Nuclear Electronics, Springer Verlag, Berlin, New York 1970.

KUHN, A., V. KMENT: Halbleiter- und Kristallzähler, Akademische Verlagsgesellschaft Geest & Portig K.-G., Leipzig 1969.

LEONHARDT J. (Hrsg.): Taschenlexikon Radioaktivität, VEB Bibliographisches Institut, Leipzig 1982.

LEVIN, V. E., L. P. CHAMJANOV: Nachweis ionisierender Strahlung (in Russ.), Atomizdat, Moskau 1973.

MEILING, W.: Kernphysikalische Elektronik, Akademie-Verlag, Berlin 1975.

MUCHIN, K. N.: Experimentelle Kernphysik (in Russ.), Atomizdat, Moskau 1974.

MUSIOL, G., R. REIF, D. SEELIGER: Kern- und Elementarteilchenphysik, Teil I, VEB Deutscher Verlag der Wissenschaften, Berlin 1980.

NACHTIGALL, D.: Physikalische Grundlagen für Dosimetrie und Strahlenschutz, Verlag Karl Thiemig, München 1971.

NEUERT, H.: Kernphysikalische Meßverfahren zum Nachweis für Teilchen und Quanten, Verlag G. Braun, Karlsruhe 1966.

OBERHOFER, M.: Strahlenschutzpraxis, Meßtechnik, Verlag Karl Thiemig, München 1972.

OBERHOFER, M., A. SCHARMANN: Applied Thermoluminescence Dosimetry, Ispra Courses, Adam Hilger Ltd., Bristol 1981.

OUSEPH, P. J.: Introduction to Nuclear Radiation Detectors, Plenum Press, New York, London 1975.

QUITTNER, P.: Gamma-Ray Spectroscopy, Akadémiai Kiadó, Budapest 1972.

ROGERS, A. W.: Technique of Autoradiography, Elsevier, Amsterdam 1973.

SCHNEIDER, W.: Neutronenmeßtechnik, Walter de Gruyter, Berlin, New York 1973.

SCHURICHT, V.: Strahlenschutzphysik, VEB Deutscher Verlag der Wissenschaften, Berlin 1975.

SCHURICHT, V., J. STEUER: Praktikum der Strahlenschutzphysik, VEB Deutscher Verlag der Wissenschaften, Berlin 1983.

SIEGBAHN, K. (Ed.): Alpha-, Beta- and Gamma-Ray Spectroscopy, Vol. I and II, North-Holland Publishing Company, Amsterdam 1966.

SIMON, H. (Hrsg.): Messung von radioaktiven und stabilen Isotopen, Springer-Verlag, Berlin, Heidelberg, New York 1974.

STOLZ, W.: Radioaktivität, Bd. I: Grundlagen, BSB B. G. Teubner Verlagsgesellschaft, Leipzig 1976.

STOLZ, W.: Radioaktivität, Bd. II: Messung und Anwendung, BSB B. G. Teubner Verlagsgesellschaft, Leipzig 1978.

STOLZ, W., R. BERNHARDT: Dosimetrie ionisierender Strahlung, Akademie-Verlag, Berlin 1981, und Zinatne, Riga 1982.

TAIT, W. H.: Radiation Detection, Butterworth Group, London 1980.

VARTANOV, N. A., P. S. SAMOJLOV: Angewandte Szintillations-Gamma-Spektrometrie (in Russ.), Atomizdat, Moskau 1976.

WEINZIERL, P., M. DROSG: Lehrbuch der Nuklearelektronik, Springer-Verlag, Wien, New York 1970.

WEISE, L.: Statistische Auswertung von Kernstrahlungsmessungen, R. Oldenbourg Verlag, München, Wien 1971.

YOSHIZAWA, Y., T. HORIGUCHI, M. YAMADA: Chart of the Nuclides 1980, Japanese Nuclear Data Commitee and Nuclear Data Center, Tokai, Japan.

Sachverzeichnis

Der Autor

- **definiert den Begriff „ionisierende Strahlung" und behandelt die wichtigsten Strahlungsquellen sowie die Elementarprozesse der Strahlungswechselwirkung**

- **beschreibt den Aufbau und die Wirkungsweise der Strahlungsdetektoren, die besondere praktische Bedeutung besitzen und bereits weit entwickelt sind**

- **vermittelt einen Überblick über die Methoden der Teilchenzählung, Aktivitätsmessung, Spektrometrie, Halbwertzeitbestimmung und Dosismessung**

- **wendet sich mit der lehrbuchhaften Darstellung an Studierende der Physik sowie anderer naturwissenschaftlicher und technischer Fachrichtungen**

WISSENSCHAFTLICHE TASCHENBÜCHER

FSC
www.fsc.org
MIX
Papier | Fördert
gute Waldnutzung
FSC® C083411

Zeitfracht Medien GmbH
Ferdinand-Jühlke-Straße 7
99095 Erfurt, Deutschland
produktsicherheit@kolibri360.de